学生课堂作业

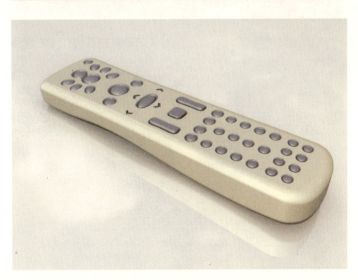

Autodesk Alias
工业设计实用手册

张卫伟 编著

中国建筑工业出版社

前 言

AliasStudio 软件拥有强大的功能，它把草图、曲面造型、汽车高级曲面等几大模块整合在一起，为工业设计提供了强大的技术支持，大大提高了设计师的工作效率，并把设计构思表现得淋漓尽致。国内的通用、大众、上汽等企业，以及国外的 BMW、Boing、Fiat、Ford、Kodak、Italdesign 等大企业都是 AliasStudio 软件的使用客户。

曲面建模是产品建模过程中的核心内容，也是最为困难的环节，所以本书主要围绕 AliasStudio 的曲面建模展开，通过几个比较典型的产品案例，把 AliasStudio 基本知识串连起来，做到内容上的由浅入深、点面结合。

AliasStudio 软件也自带渲染功能，但其功能没有市面上很多专业渲染软件强大，所以本书使用一个大家比较熟悉的渲染软件 VRay。由于渲染不是本书的主要内容，再加上篇幅有限，我们只列举了玻璃、金属、汽车漆等几个常用的产品材质。希望广大读者能通过我们这几个材质教程，触类旁通、举一反三，设置出各种自己所需的材质。

在上这门课之前，学生觉得压力很大，因为 AliasStudio 是一个全英文的高端专业软件，国内的中文教程又很少。但通过一个单元的课程学习，学生便能掌握基本的建模能力，并且也能够做一些比较复杂的三维模型，本书前面的作品就是学生的课程训练作业。看到学生的成果，使我产生了写书的热情，也想通过这次机会和广大读者一起分享我们成长的喜悦。

本书适用对象是产品设计的初学者以及刚接触三维设计的设计爱好者。

由于时间仓促，加之编者才疏学浅，书中难免有疏漏不足之处，恳请广大读者批评指正，我们定会全力改正。

最后要感谢 Autodesk 远东有限公司的 Joachim Jake Layers 及 Autodesk（中国）有限公司的陈文君的支持与帮助。同时也要感谢学校的领导、同事，以及参编人员，正是他们的全力支持与帮助，才使这本书能顺利完成。

如大家在学习过程中有疑问，也可以通过电子邮件与我联系。电子信箱是：zhangweiwei3721@sohu.com。

如需要下载免费的 Autodesk Alias 软件及相关资源，请登陆 http://students.autodesk.com.cn。

编者：张卫伟

目 录

前言

第一章	基础知识	1
第一节	软件的介绍	1
第二节	窗口介绍	1
第三节	菜单命令简述	4
第四节	工具的使用	5
第五节	控制面板的使用	6
第六节	常规操作	8
第二章	构建曲线	13
第一节	控制点曲线	13
第二节	编辑点曲线	15
第三节	自由曲线	15
第四节	Blend 融合曲线	16
第五节	面上曲线	19
第六节	字体曲线	20
第七节	曲线编辑	21
第三章	构建曲面	24
第一节	轨道曲面	24
第二节	旋转曲面	29
第三节	蒙皮曲面	30
第四节	平面曲面	32
第五节	边界曲面	32
第六节	拉伸曲面	33
第七节	曲面圆角	35
第八节	导角曲面	36
第九节	自由过渡曲面	38
第十节	曲面编辑	40

第四章　调味瓶建模 …………………………………… 43

　　第一节　瓶体局部建模 ……………………………… 43
　　第二节　完成模型 …………………………………… 47

第五章　电吹风建模 …………………………………… 48

　　第一节　壁腔建模 …………………………………… 48
　　第二节　把手建模 …………………………………… 51
　　第三节　出风口建模 ………………………………… 60

第六章　手机建模 ……………………………………… 68

　　第一节　构建手机上盖曲面 ………………………… 68
　　第二节　构建手机侧曲面 …………………………… 71
　　第三节　构建底部曲面 ……………………………… 72
　　第四节　构建过渡曲面 ……………………………… 72
　　第五节　构建细部曲面 ……………………………… 75

第七章　汽车建模 ……………………………………… 81

　　第一节　车身的建模 ………………………………… 81
　　第二节　车篷的建模 ………………………………… 87
　　第三节　轮眉的建模 ………………………………… 90
　　第四节　进气孔的建模 ……………………………… 97

第八章　模型的渲染 …………………………………… 100

　　第一节　VRay渲染器的简介 ………………………… 100
　　第二节　模型转换 …………………………………… 102
　　第三节　金属材质的HDR贴图渲染 ………………… 105
　　第四节　玻璃材质的渲染 …………………………… 114

第一章 基础知识

第一节 软件的介绍

Autodesk 公司旗下的 AliasStudio 是一个专业的产品设计软件。该软件拥有 DesignStudio、Studio、AutoStudio 以及 SurfaceStudio 四大模块。在 DesignStudio 模块中，设计师可以借助草图、渲染、动画、三维模型，快速开发和交流设计构想；Studio 模块支持整个设计流程，从构想、设计改进到最终设计；AutoStudio 模块主要是面向汽车设计与造型行业；SurfaceStudio 模块主要是用来创建高质量的产品曲面，包括面向汽车设计与造型的 A 级曲面。在这四大模块中，常用 AutoStudio 模块来构建三维模型。

AliasStudio 的运用比较广泛，例如国内的通用、大众、上汽等企业，以及国外的 BMW、Boing、Fiat、Ford、Kodak、Italdesign 等大企业都是 AliasStudio 软件的使用客户。

第二节 窗口介绍

1. 点击 Alias 启动图标 " "。
2. 在弹出的选择界面上选择 "AutoStudio" 后，点击底部的 "GO" 按钮（图 1-1）。

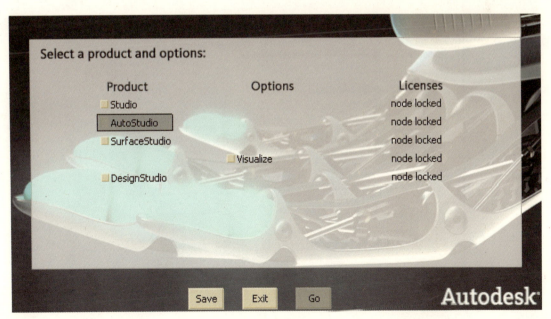

图 1-1

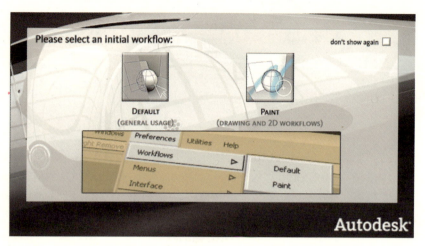

图 1-2

3. 在接下来弹出的选择界面上选择"Default"按钮 (图 1-2)。

4. 第一次打开后，在 Alias 视窗中央会弹出"learning Movies"的视频对话框，如果下次不想让其出现，可以勾选底部的"Don't show this at startup"(图 1-3)，关闭对话框，以后开启软件时就不会再弹出此对话框。第二个是 Alias 的信息收集界面，你可以直接将其关闭掉。

图 1-3

5. 接下来就是软件开启后的初始状态（图1-4）。

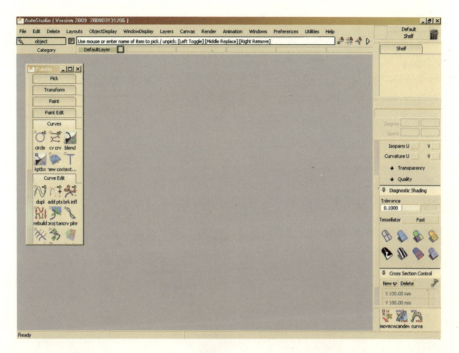

图1-4

6. 点击左上角菜单中"File"下拉式样菜单，点击"New"（图1-5）。
7. 视窗中出现三个正交视图（顶视图、前视图、后视图）和一个透视视图（图1-6）。

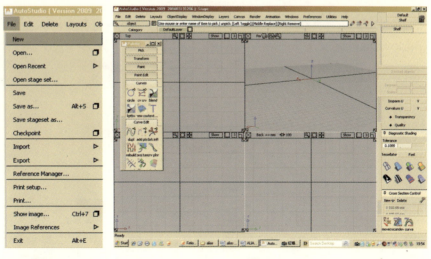

图1-5　　　　　　　　　　　图1-6

第三节　菜单命令简述

1. "File"。在这里主要的功能是打开文件、存储文件、输入文件、输出文件等（图1-7）。在下拉式菜单中我们发现菜单名称的右边有一个方形图标或箭头图标。方形图标表示其命令有进一步的参数设置，如果是箭头图标则表示在这命令之下还有若干分命令。以后看到菜单中有同样的符号，操作与此相同。

2. "Edit"。这个菜单的功能主要是往回退一步操作、重做、剪切、拷贝、粘贴、阵列、群组等（图1-8）。

3. "Delete"。在这里主要是删除被选择的物体、删除构建历史、删除标注、删除辅助线、删除视窗等命令（图1-9）。

4. "Layouts"。安排和设置窗口、摄像机等（图1-10）。

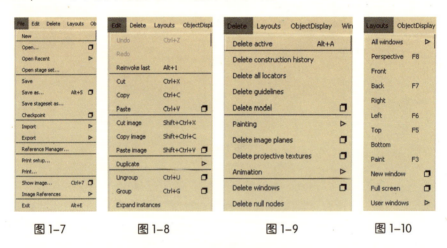

图1-7　　图1-8　　图1-9　　图1-10

5. "ObjectDisplay"。这里主要是对物体的隐藏的控制（图1-11）。
6. "WindowDisplay"。这里主要是控制窗口中物体的不同光影模式的显示（图1-12）。
7. "Layers"。在这里主要是建立、调整、使用、显示、删除图层的命令（图1-13）。
8. "Canvas"。这里主要是处理窗口中图像的命令（图1-14）。

图1-11　　图1-12　　图1-13　　图1-14

第一章 基础知识

9. "Render"。这里是渲染、灯光、材质、贴图等命令（图1-15）。

10. "Windows"。这里主要是有关开启工具箱、工具架、控制命令、参数面板、编辑命令面板等操作命令（图1-16）。

11. "Help"。这里主要是Alias的帮助文件、学习视频、教程、技术支持等一系列帮助文件（图1-17）。

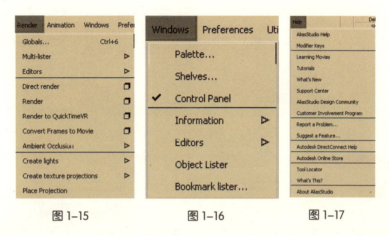

图1-15　　　　图1-16　　　　图1-17

第四节　工具的使用

1. 点击菜单命令面板上的"Windows"命令，出现下拉式面板，点选"Palette"（图1-18）。

2. 在视窗中出现"Palette"工具箱，工具箱中包含了Alias中的选择、变换、线、曲面等所有的工具（图1-19），通过点击分类标签，可以把同类工具面板展开。

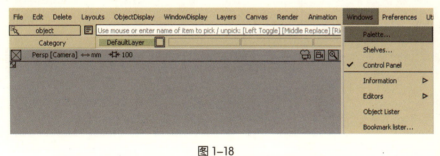

图1-18

图1-19

3. 点击菜单命令面板上的"Windows"命令,出现下拉式面板,点选"Shelves"(图1-20)。

4. "Shelves"是工具架,在使用熟练的情况下,使用者可以把自己喜欢的工具搬到工具架里来,以提高工作效率(*用鼠标中键在"Palette"中选种想要的工具,拖拽到工具架内就可以,如果不想要,用鼠标中键拖拽图标到前面的垃圾桶里就可以了*)(图1-21)。

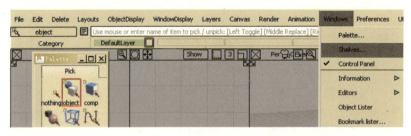

图 1-20

图 1-21

第五节　控制面板的使用

1. 控制面板位于Alias整个视窗的右侧,主要功能有模块切换、工具架、模型显示设置、显示精度的设置、显示属性等辅助内容(图1-22)。

2. 在"Default"处点击鼠标左键不放,会出现下拉式菜单,默认状态为"Default"模块,下面还有"Paint"、"Modeling"、"Visualize"等模块(图1-23),这些模块有各自的特色,"Paint"主要是针对草图功能;"Modeling"主要是针对模型构建的;"Visualize"主要针对可视化方面,所以使用者可以按自己的需要选择相应的模块。

3. "Shelf"主要也是存放工具的(图1-24),有时候把工具箱和工具架关掉了,我们可以将一些工具存放到这里。

图 1-22

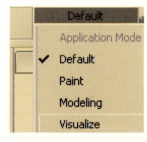

图 1-23

图 1-24

4. "Display"主要是控制视窗内模型上的编辑点、线及曲线曲率的显示与否。下面的"Transparency"和"Quality"分别是指显示点线的透明度和质量,使用者可以点击左侧的箭头,展开命令面板分别调试一下,模型的显示方式也会作相应的调整(图1-25)。

5. "Diagnostics Shading"是指对模型进行分析检测的时候所运用的显示模式(图1-26)。其中的"Tolerance"是调节模型显示精度的,数值越小,显示效果越好。"Tessellator"右侧按钮点中后,会看到"Fast"和"Accurate"两个选项,"Fast"是视窗中快速显示模型,但质量不高;"Accurate"是一种比较清晰的显示模式,但速度相对"Fast"模式要慢一点。

6. "Diagnostics Shading"面板上,有8个彩色的显示模式样本(图1-26),有线框模式、多色模式、随机色彩模式、曲率评估模式、ISO角度分析模式、斑马纹检测模式、曲面分析模式、金属天光模式。使用这个功能的前提条件是物体必须处于选择状态。

7. 在8个彩色显示样本下有一条左边带白色小三角形的黑线(图1-26),点击左边的白色小三角形,会出现如下控制面板(图1-27)。

8. 在这里可以设置物体显示的色彩属性、高光,以及灯光强度等参数,当然,由于上面选择的显示模式不一样,这里的参数也会有所区别。

9. 在控制面板的底部有三个图标,如图1-28所示,它们分别是移动CV点、偏差、曲率的三个控制面板快速切换的按钮,点击其中的任何一个按钮,控制面板就快速切换到相应的参数面板。

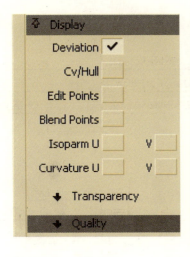

图1-25

图1-26

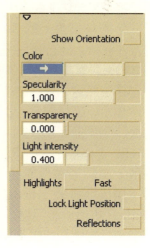

图1-27

图1-28

第六节　常规操作

1. 在Alias中最常用的是快捷键"Alt"和"Ctrl"及鼠标上的左、中、右键的配合。

2. 按住键盘上的"Alt"和"Ctrl"键,同时按住鼠标上的左键,会出现如下快捷方式（图1-29），这里主要是物体选择时的类别,主要是编辑点、CV点、曲线、物体、曲面、融合点、曲面上的线、不选取任何物体等类别。在按住"Alt"和"Ctrl"键的同时,拖动鼠标左键到任意一个类别上,类别菜单会变成深色,表示这个菜单功能可以执行。选择视窗内的不同属性的物体,一定先要在这里点拖选到该类别命令。

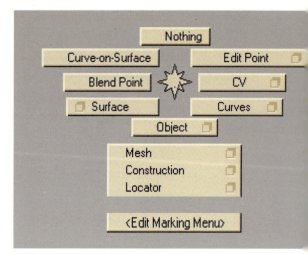

图 1-29

3. 按住键盘上的"Alt"和"Ctrl"键,同时按住鼠标上的中键,会出现如下快捷方式（图1-30），这里主要对物体的编辑功能,如移动、移动中心点、缩放、中心点移动到物体中央、旋转、不等比缩放、查询编辑历史等功能。在按住"Alt"和"Ctrl"键的同时,拖动鼠标中键到任意一个菜单上,类别菜单会变成深色,表示这个菜单功能可以执行。

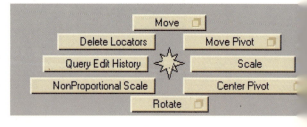

图 1-30

4. 按住键盘上的"Alt"和"Ctrl"键,同时按住鼠标上的右键,会出现如下快捷方式（图1-31），这里主要是物体显示方面的快捷功能,如物体信息对话窗、物体投影显示、物体控制部件显示、坐标显示、工具箱、工具架、控制面板、全屏显示等功能。

5. 物体中心点"Pivot",在对物体进行缩放、旋转等操作时经常会涉及。物体的转换（缩放与旋转）是以中心点为依据的,当Alias在执行旋转与缩放这类指令时,都是依照中心点的所在位置来作为执行"Xform"指命的标准。若在相同的物体中进行物体转换,当"Pivot"的位置不同时,所得到的结果当然也不同（图1-32）。基本上Alias建构的所有对象原始位置都是在(0,0,0)的坐标上,我们可以执行变形工具中的"Set pivot"（设定中心点），用鼠拖拽或键盘输入XYZ坐标值的方式,把中心点移到我们所需要的位置上。

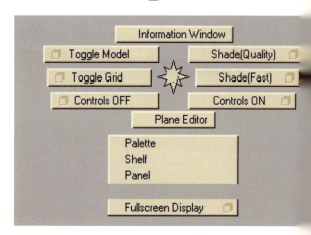

图 1-31

6. 操纵器是 Alias 提供用户对基本造型工具进行移动、缩放与旋转的工具，用鼠标点选箭头部分拖拽，就可以沿箭头的轴向移动该对象；此时如改成拖拽中央蓝色星形，可自由地移动对象；用鼠标点选立方体部分拖拽，即可沿立方体的轴向缩放该对象，此时如改成拖拽中央蓝点部分，便可自由地缩放对象；用鼠标点选圆球体部分拖拽，即可依圆球体的轴向旋转该对象，此时若改成拖拽中央蓝点部分，便可自由地旋转对象，如下图所示。其中红色代表 X 轴向，绿色代表 Y 轴向，蓝色代表 Z 轴向（图 1–33）。

7. 执行"Xform"命令时，必须先点选所要改变的物体，接着可以用点选功能图标的方式，或者用系统默认的快捷命令，迅速地执行"Xform"指令，最后利用鼠标拖拽或键盘输入 XYZ 坐标值的方式，将物体转换成我们所需要的形式。

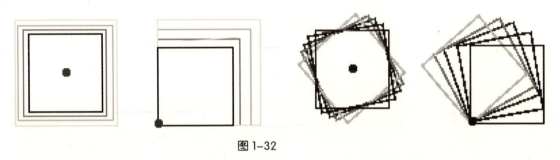

图 1–32

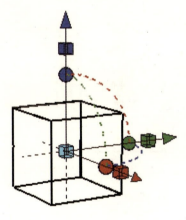

图 1–33

8. 移动"*Move*"(图 1-34)。

鼠标拖拽	执行窗口	执行动作
	顶视图、前视图、后视图	自由移动 
	透视视图	沿X轴移动 
	顶视图、前视图、后视图	水平移动 
	透视视图	沿Y轴移动 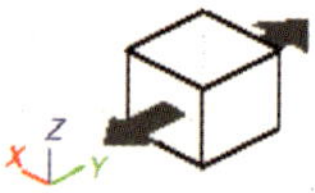
	顶视图、前视图、后视图	垂直移动 
	透视视图	沿Z轴移动 

图 1-34

9. 缩放"*Scale*"(图 1-35)。

鼠标拖拽	执行窗口	执行动作
	任意窗口	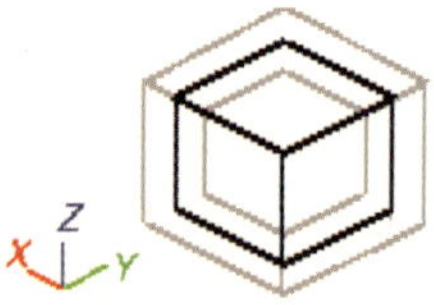 沿三轴等比缩放

图 1-35

第一章 基础知识

10. 不等比缩放 "Nonproportional scale"（图1-36）。

鼠标拖拽	执行窗口	执行动作
	顶视图、前视图、后视图	自由缩放 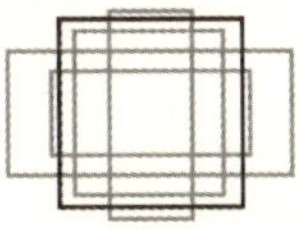
	透视视图	沿X轴缩放 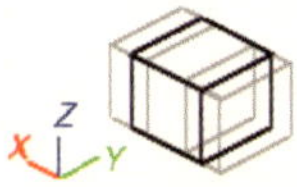
	顶视图、前视图、后视图	水平缩放 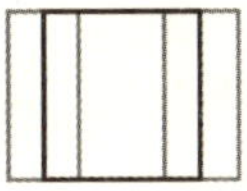
	透视视图	沿Y轴缩放 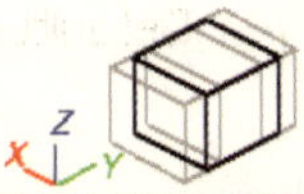
	顶视图、前视图、后视图	垂直缩放
	透视视图	沿Z轴缩放 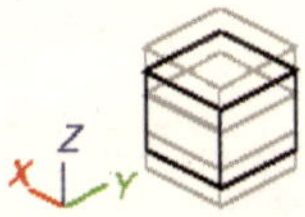

图1-36

11. 旋转 "Rotate"（图1-37）。

鼠标拖拽	执行窗口	执行动作
	任意视窗	沿X轴旋转 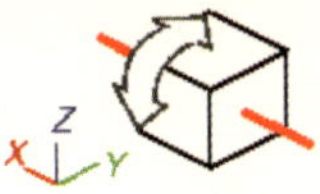
	任意视窗	沿Y轴旋转 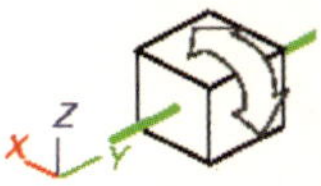
	任意视窗	沿Z轴旋转 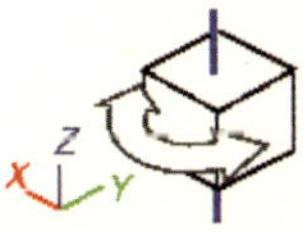

图1-37

（1）磁性吸附功能：在进行绘制线形、移动物体的时候，为了达到精准，我们一般会使用磁性吸附功能，磁性吸附功能按钮在"Perspective"视窗的右上方（图1-38）。

磁性吸附功能一共有三个。第一个是点吸附：按下这个按钮后，吸附位置将会在最

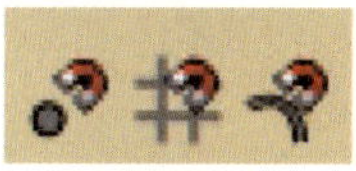

图1-38

接近的控制点或编辑点上；第二个是网格吸附：按下这个按钮后，吸附位置将会在网格坐标的交点上；第三个是线吸附，按下这个按钮后，吸附位置将会在曲线上（*使用磁性吸附完毕后，最好马上关闭，不然会部分影响到其他功能的正常使用*）。

（2）图层功能可以让复杂模型按类别，分门别类地放置到各个图层，图层位置在视窗的上方（图1-39）。

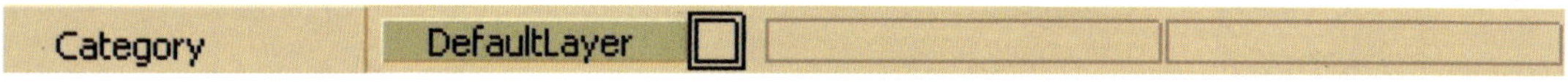

图1-39

"DefaultLayer"是系统默认的图层，我们可以在顶部菜单栏里的 layers/new 上按一下，在"DefaultLayer"后面会出现一个新的图层，系统默认图层名一般为"L1"，双击图层名，可以更改图层名。

视窗中的物体在处于选择状态下，按住图层名，出现下拉式菜单，把鼠标下滑到"Assign"上，物体就被放置到该图层了。

按住图层名，出现下拉式菜单，把鼠标下滑到"Visible"上，后面的勾会消失，该图层里的物体随之被隐藏。反之，物体被显示。

（3）视窗控制：按住键盘上的"Shift"和"Alt"键，同时按住鼠标右键，可以缩放视窗。按住键盘上的"Shift"和"Alt"键，同时按住鼠标中键，可以平移视窗。按住键盘上的"Shift"和"Alt"键，同时按住鼠标左键，只可以旋转透视视窗（"Perspective"），其他视窗（"Top"、"Left"、"Back"）不起作用。

第二章 构建曲线

曲线是构建曲面模型的基础,所以对曲线功能的掌握熟练与否,直接会影响到曲面的质量。

第一节 控制点曲线

1. 控制点曲线我们也常称它为"CV（control vertices）"曲线。选择"Palette/Curves /New curves（CV curves）"（图2-1）。

2. 双击该按钮,在"CV"曲线命令面板中,设置"Curve Degree"为3（图2-2）("*Curve Degree*"表示用数学方程中的阶数来划分曲线的类型,阶数越大,曲线质量就越高,同时运算就越慢),按我们平时作业的要求,一般设置为"3"就能满足建模的需要了。

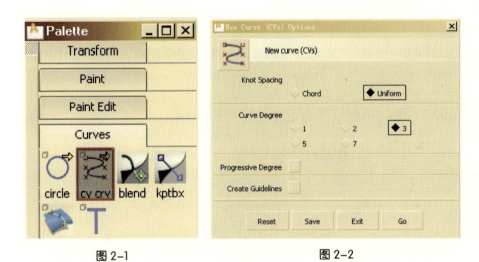

图2-1　　　　　　　　　图2-2

3. 在视图中任意点击4个点后,会形成一条由4个"CV"点所形成的3阶曲线（图2-3）。

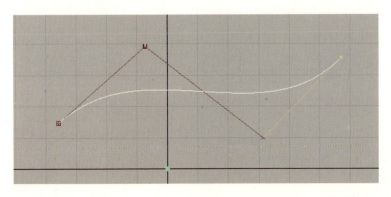

图2-3

4. 把"Curve Degree"改为"5"后（图2-4），在视图上画曲线时，我们发现要放置"6"个"CV"点后才能显示5阶曲线（图2-5）（"CV"曲线在设置好"Curve Degree"后，需放置T+1个"CV"点后才能显示曲线，"T"代表"Curve Degree"的数值）。

图2-4

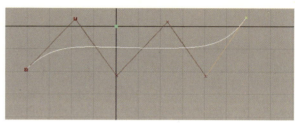

图2-5

5. 对于曲线的一些专有名词，我们在这里作一个简单的介绍。

（1）"Control Vertices"（"CV"）：曲线控制点脱离曲线并连接外壳线（Hull）。

（2）"Edit Point"（"EP"）：编辑点(又名节点，"Knot")，位于曲线上，将曲线分为若干个跨距。

（3）"Span"：两个编辑点之间称之为跨距，跨距越多，则曲线越复杂、流畅程度也可能就越低。

（4）"Hull"：连接控制点的线称之为外壳线，辅助曲线编辑（图2-6）。

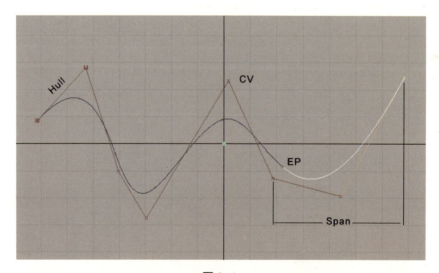

图2-6

第二节　编辑点曲线

1. 编辑点曲线我们也常称它为"EP（Edit Points）"曲线，双击"Palette/Curves/New Curves(edit point)"（图2-7）。
2. 在"EP"曲线命令面板中，设置"Curve Degree"为"3"，点击"GO"（图2-8），在"Top"视图中绘制曲线（图2-9）。

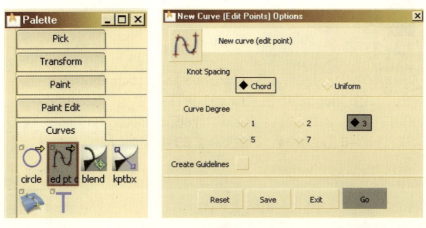

图2-7　　　　　　　　　　图2-8

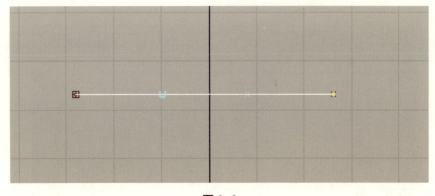

图2-9

第三节　自由曲线

1. 点选选择"Palette/Curves /New Cur(sketch)"（图2-10），在视图中以鼠标左键自由拖拽，拖拽时系统以白色线段显示拖拽过的地方，松开鼠标后，产生一条与拖拽轨迹比较近似的曲线（*自由曲线的"Curve Degree"设置得越高，画完后，曲线的吻合度也就越高*）（图2-11）。

2. 此工具如配合数位板，则有较好的效果。

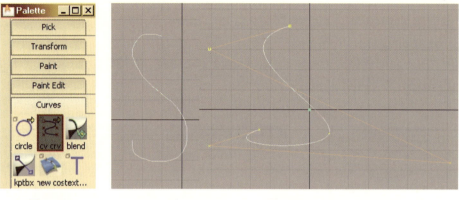

图 2-10　　　　　　　　　　图 2-11

第四节　Blend 融合曲线

1. "Blend" 融合曲线可以轻易构建出 G3、G4 级别的高级曲线，能满足汽车等大型曲面的工程要求（普通的"CV"曲线一般只能达到 G2 级别）。

2. 在视图中我们先画两根曲线（图 2-12）。

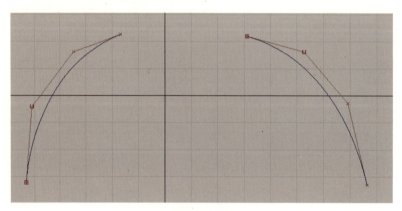

图 2-12

3. 点击 "Palette/Curves /Blend "。

4. 在展开的融合曲线面板内点击" "工具，将鼠标光标放置其中一根线上，融合曲线的起点就吸附到曲线上了，拖拽光标到曲线的端点，融合曲线的起点就确定好了，用同样的方法把曲线的终点确定到另外一根线的端点上，这样融合曲线就建成了（图 2-13）。

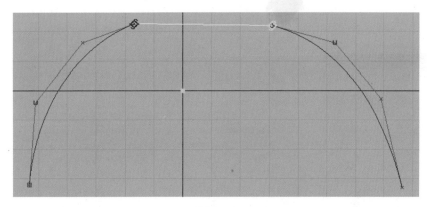

图 2-13

5. 为了方便我们编辑融合曲线，我们一般会打开曲率参考辅助线，由于辅助线类似梳子形状，我们称之为梳状线。梳状线主要是帮助设计师判断曲线曲率的参考线。通过梳状线的走势和动态，能比较清晰地看出曲率的变化和特征。

6. 选中视图中的三条曲线，点击"Palette/Locators/curve curvature ▨"（图 2-14）。

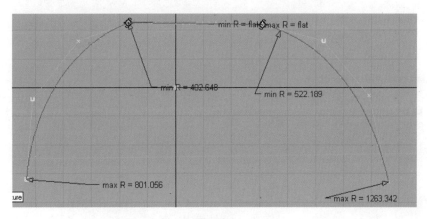

图 2-14

7. 在右侧控制命令面板上，把"Curvature"中的"Comb"和"Samples"作适当调整（图 2-15），("Comb Scale"是表示梳状线的宽度, Samples 表示梳状线的疏密度)（图 2-16）。

8. 由于融合曲线没有作相应的调整，三根线连接不光滑，点击融合曲线面板中的曲线编辑器（图 2-17）。

9. 点击中间那条融合曲线的右端，出现一个带箭头的曲线编辑器（图 2-18）。

10. 用鼠标点击编辑器里的绿色十字坐标的右侧，发现融合曲线作了相应的调整。用同样的方法调整左侧连接处，结果发现虽然曲线的曲率发生了变化，但过渡还不光滑（图 2-19）。

11. 在编辑器处于选择状态，把鼠标停留在融合面板的曲线级别上，在弹出的图标上选择 G3，曲线作了相应的调整，梳状线变得流畅多了（从 *G0 到 G4，数值越大，线包含的数据信息越多，质量越高*）（图 2-20）。

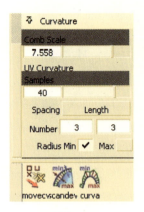
图 2-15

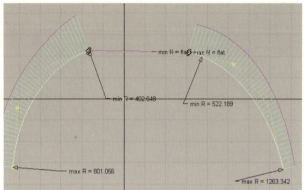
图 2-16

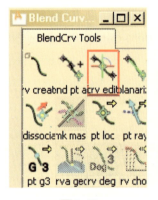
图 2-17

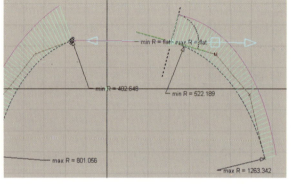
图 2-18

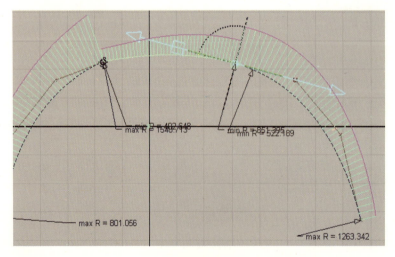
图 2-19

第二章 构建曲线

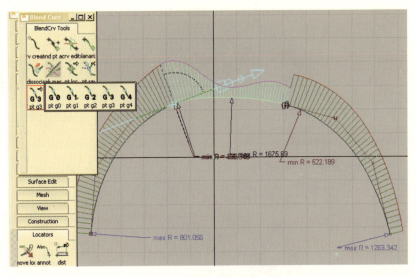

图 2-20

第五节 面上曲线

1. 点击"Palette/Surfaces/Sphere",先在视窗中绘制一个球面(图 2-21)。
2. 双击"Palette/Curves/New Curve on Surface"按钮。
3. 在视图中,通过鼠标左键点击曲面,来形成曲线(图 2-22)。

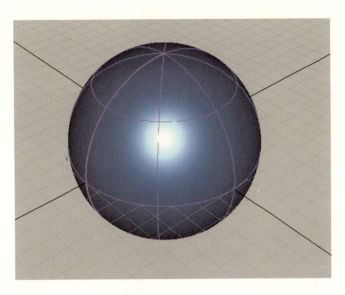

图 2-21

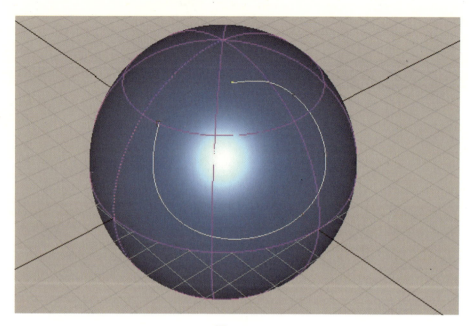

图 2-22

第六节　字体曲线

1. 点击"Palette/Curves/Text"(图 2-23)。

2. 在视图中点击一下鼠标的左键,以此确定字体的输入位置,然后在文本输入法处于英文状态下,输入字体(*Alias 目前不支持中文输入,所以在中文状态下无法输入字体*)(图 2-24)。

3. 如要对字体作调整可以双击字体曲线图标,在弹出的对话框中进行设置(图 2-25)。

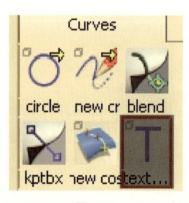

图 2-23

图 2-24

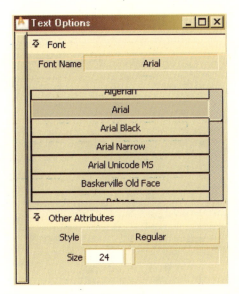

图 2-25

第七节 曲线编辑

1. 调节曲线。在视窗中画一根任意曲线（图 2-26）。

按住键盘上的"Shift"和"Ctrl"键,同时按住鼠标左键,在弹出的对话框中选择"CV"（图 2-27）。

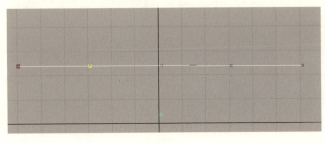

图 2-26

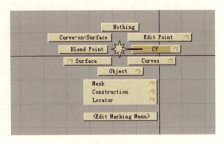

图 2-27

按住键盘上的"Shift"和"Ctrl"键,同时按住鼠标中键,在弹出的对话框中选择"Move"（图 2-28）。

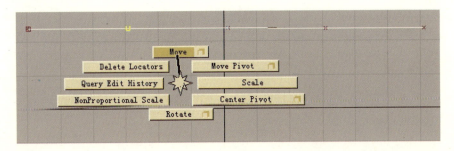

图 2-28

移动选中的"CV"点，对曲线进行调整，达到预期的目标（图2-29）。

2. 剪切曲线。在视窗中画一根曲线和一个圆（图2-30）。

点选"Palette/Curve Edit/Curve Section Options" 按钮后，用鼠标左键点选视图中的圆，此时圆上出现一个红色箭头（图2-31）（*红色箭头指向的线段表示曲线被剪切后要保留的部分*）。

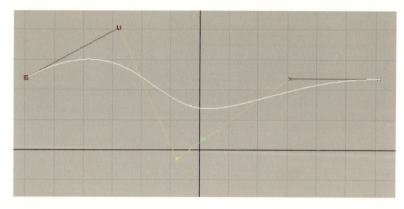

图 2-29

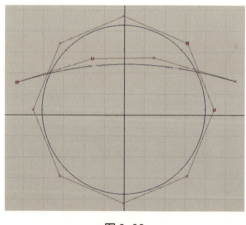

图 2-30

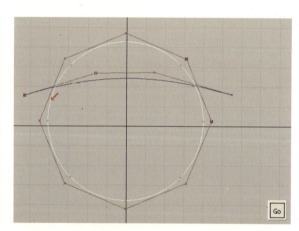

图 2-31

点击视窗中的"GO"图标，然后用鼠标点击曲线，圆的上半部分被剪切掉了（图2-32）（*如果想剪切上半个圆，可以先点选上半部分圆，然后再点曲线*）。

3. 曲线导角

在视窗中画两根曲线（图2-33）。

点击"Palette/Curve Edit/Fillet "按钮，点选第一根曲线后再点选第二根曲线，两曲线之间就自动形成一个自然过渡的导角曲线，点击视窗右下角的"Accept"按钮，完成曲线导角命令（图2-34）。

在点击"Accept"按钮之前，用户可以按住鼠标上下拖动来调节导角曲线的圆半径，或者在命令面板中直接输入数值（图2-35）。

第二章 构建曲线

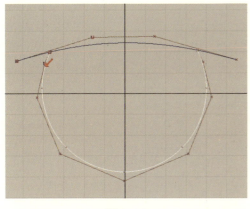

图 2-32

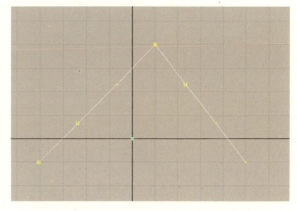

图 2-33

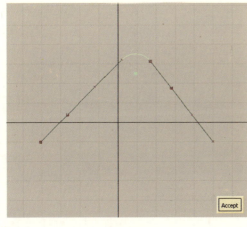

图 2-34

Radius = 100.0000. Adjust radius using mouse or keyboard:

图 2-35

第三章 构建曲面

第一节 轨道曲面

轨道曲面是指线型沿着一个轨迹运行所形成得面。里面包含几种放样类型，常用的是单轨放样和双轨放样。

1. 单轨放样（也称一轨放样），就是一个线型沿着一个轨道运行所得到的曲面。

2. 作单轨放样前我们必须先作一个线型及轨道线，在"Top"视图画个圆的线型，在"Left"画一个直线轨道（图3-1、图3-2）。

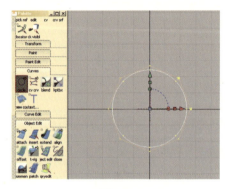
图 3-1

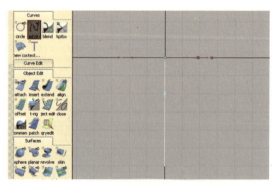
图 3-2

3. 双击"Palette/Surfaces/rail surface"按钮（图3-3），在弹出的对话框中设置"Generation Curves"为"1"（"Generation Curves"的数值为"1"代表放样曲面用一个线型），"Rail Curves"为"1"（"Rail Curves"的数值代表线型沿一个轨道运行）(图3-4)。

图 3-3

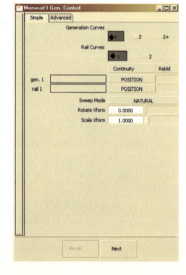
图 3-4

4. 关闭对话框,先点击"Top"视图中的圆形,然后再点击直线。在"Perspective"视图(透视图)中可以看到一个圆管曲面生成了(图3-5)。

5. 现在"Top"视图中重新绘制两根不同的轨道曲线(图3-6)。

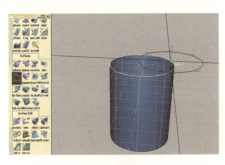

图 3-5

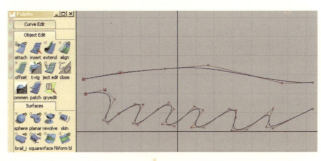

图 3-6

6. 选取"Palette/Curves/Edit point"(图3-7),按住键盘上的"Ctrl"键后,在"Top"视图中用鼠标左键分别点选两条轨迹曲线的右边端点,绘制出一个线型。

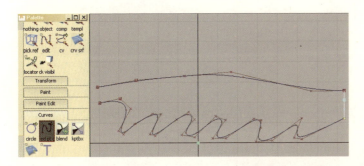

图 3-7

7. 在线型处于选择状态下,选中线型中间的2个"CV"点,再"Back"视图中按住鼠标的右键向上拖动,使曲线稍微向上弓起(图3-8)。

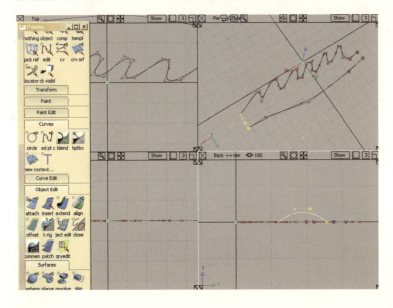

图 3-8

8. 双击"Palette/Surfaces/rail surface",在弹出的对话框中设置"Generation Curves"为"1","Rail Curves"为"2"(图3-9),然后点"Next"。

9. 点选线型后,再分别点选另外两根轨道曲线,就生成一个比较复杂的仿生曲面(图3-10)。

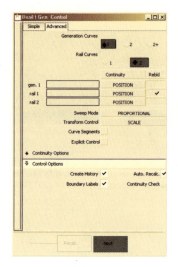
图3-9

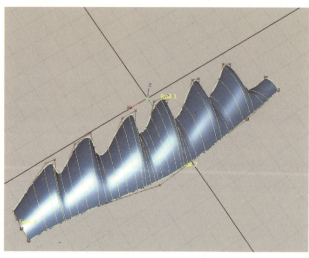
图3-10

10. 在"Top"视图中重新绘制4根线,要求首尾相连(*绘制时按住键盘上的"Ctrl"键,端点会自动吸附在一起*)(图3-11)。

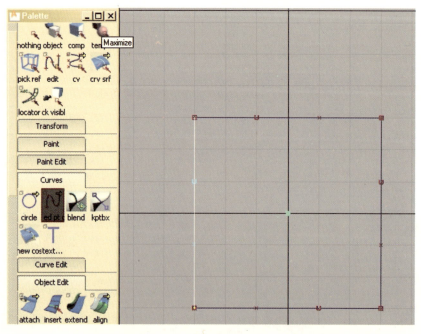
图3-11

11. 为了便于生成后的轨迹曲面与线型和轨迹之间的关系，我们把视图中的曲线稍作调整，把其中相邻的两根曲线的"CV"点往上移动，另外两根相邻的曲线往下移动（图3-12）。

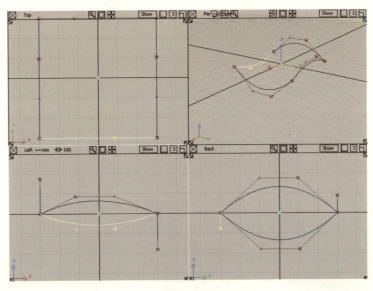

图 3-12

12. 双击"Palette/Surfaces/ rail surface"按钮,在弹出的对话框中设置"Generation Curves"为"2"，"Rail Curves"为"2"（图3-13）。

13. 在视图中先点选两根相对的曲线（*这两根线曲线在轨迹曲面中定义为"Generation Curves"*），再点选剩下的两根相对的曲线（*这两根线曲线在轨迹曲面中定义为"Rail Curves"*），视图中形成一个轨迹曲面（图3-14）。

14. 在"Top"视图中重新画两根轨迹曲线"Rail Curves"（图3-15），运用端点吸附功能（*画线起始点时，按住键盘上的"Ctrl"键*）在两条轨迹曲线上，画5根线型"Generation Curves"（图3-16）。

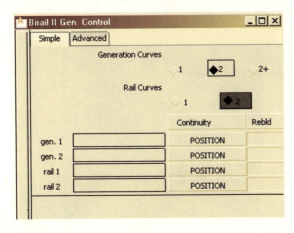

图 3-13

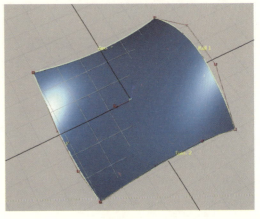

图 3-14

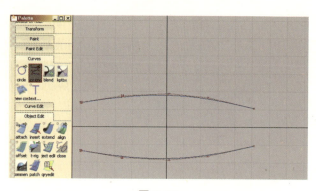 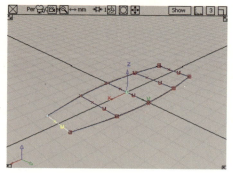

图 3-15　　　　　　　　　　　　图 3-16

15. 分别调节 5 根线型上的"CV"点，使它们具有不同的走势（图 3-17-1）（*调节线型的"CV"点主要目的是便于观察生成后的曲面与轨迹和线型之间的关系*）。

16. 双击 Palette/Surfaces/ rail surface 按钮，在弹出的对话框中设置"Generation Curves"为"2 +"（线型数量如果大于 2，我们就把"*Generation Curves*"设置为"*2 +*"，表示有两根以上的线型），"Rail Curves"为"2"（图 3-17-2）。

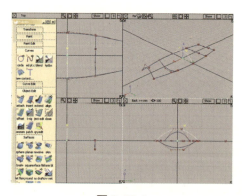

图 3-17-1　　　　　　　　　　　　图 3-17-2

17. 在视图中先点击 5 根线型，然后点击视图右下方的"GO"按钮（图 3-18），最后分别点击两根长的轨迹曲线，一个复杂曲面形成了（图 3-19）。

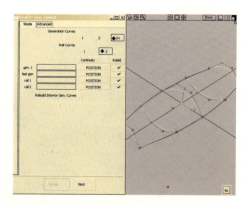 

图 3-18　　　　　　　　　　　　图 3-19

第二节 旋转曲面

轴对称模型我们可以通过旋转来完成。一般我们只要画出模型剖面图形的一半，通过旋转功能就可以非常方便地完成曲面建模。为了让剖面图形沿 Z 轴旋转成形，我们一般是在"Left"和"Back"视图中来画剖面图形。

1. 在"Left"图中，我们先画剖面图形的一半（图 3-20）。

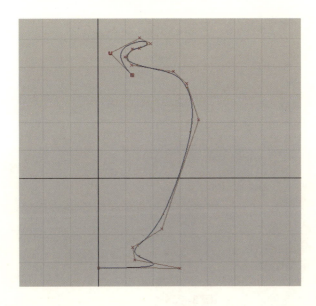

图 3-20

2. 点击"Palette/Surfaces/Revolve"在"Left"视图中点选刚才所画的剖面图形，一个旋转曲面模型形成了（图 3-21）

3. 双击 Palette/Surfaces/Revolve，在弹出的对话框中，常用的设置是"Revolution Axis"和"Sweep Angle"（*Revolution Axis* 是指剖面图形沿哪个轴方向旋转，不同的轴向旋转的结果会不一样。"*Sweep Angle*"是指旋转剖面沿旋转轴旋转的角度）（图 3-22）。

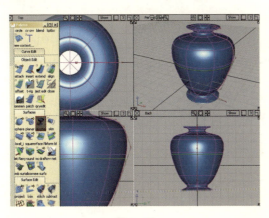

图 3-21

图 3-22

第三节　蒙皮曲面

1. 蒙皮曲面是指在两根曲线之间形成曲面，如果曲线数目超过两根，可以按住键盘上的"Shift"键，依次点击曲线，也可以生成曲面。

2. 在"Top"视图中画一个椭圆，然后复制一个，在"Left"视图中把其中的一个椭圆沿Z轴向上移动（图3-23）。

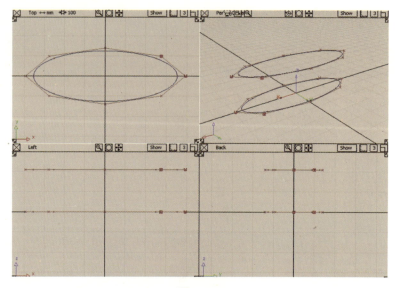

图 3-23

3. 点击"Palette/Surfaces/Skin"图标（图3-24），分别点击视图中的椭圆，在视图中形成一个管状的椭圆曲面（图3-25）。

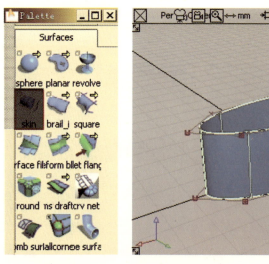 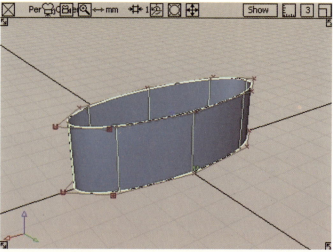

图 3-24　　　　　　　　　　图 3-25

4. 按照前面画线的方法，重新画两个椭圆，然后在两个椭圆之间再画一个缩小比例的椭圆（图3-26）。

5. 点击"Palette/Surfaces/Skin"图标（图3-27），按住键盘上的"Shift"键，依次点击椭圆线，会形成一个比较光滑流畅的蒙皮曲面（*如果不按住"Shift"键，蒙皮曲面只能在两根曲线之间做曲面，且后面生成的曲面和前面的曲面之间过渡不光滑*）（图3-28）。

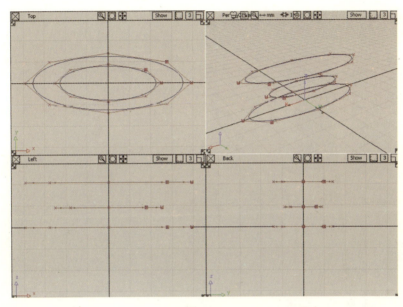

图 3-26

图 3-27

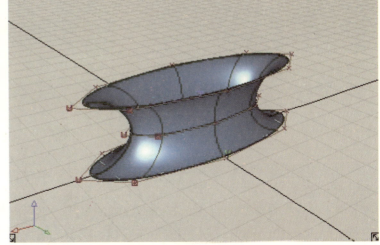

图 3-28

第四节 平面曲面

1. 在"Top"视图中,先画一个圆(图3-29)。
2. 双击"Palette/Surfaces/Planer"(图3-30),在弹出的对话框中勾选"Create History"(图3-31),单击视图中画好的圆形,点击右下角的"GO"(图3-32),生成平面,不勾选,则曲线独立存在。
3. 点选曲面上边缘上的"CV"点,在视图中稍作移动,我们发现平面曲面的外形也发生了相应的改变(图3-33)。

图 3-29   图 3-30   图 3-31

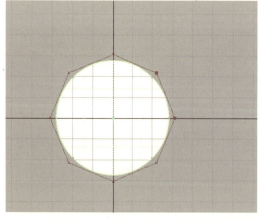 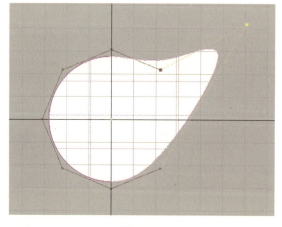

图 3-32   图 3-33

第五节 边界曲面

1. 边界曲面是指利用空间中4根首尾相连的曲线来生成曲面,曲线可以是二维的,也可以是三维的。
2. 在"Top"视图中先画两个方向相反的的半圆,然后向上移动其中的一个半圆,在空间上产生一定的距离,然后用编辑点曲线,再按住键盘上的"Ctrl"键,把曲线的连段连接起来(图3-34)。
3. 点击"Palette/Surfaces/Square"(图3-35)。

第三章　构建曲面

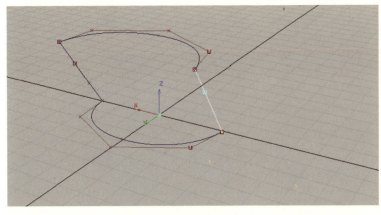

图 3-34　　　　　　　　　　　　　　　图 3-35

4. 依次点击 4 条首尾相连的曲线，视图中会形成一个边界曲面（图 3-36）。

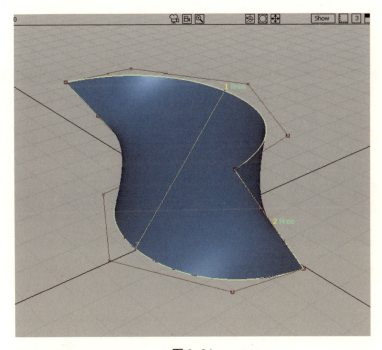

图 3-36

第六节　拉伸曲面

1. 在"Top"视图中画一个曲线（曲线可以是封闭的，也可以是不封闭的）（图 3-37）。
2. 点击"Palette/Surfaces/Draft"（图 3-38）。
3. 点击"Top"视图中的曲线，然后在视图右下角点击"GO"按钮，曲线拉伸出一定的宽度，形成拉伸曲面（图 3-39）。

33

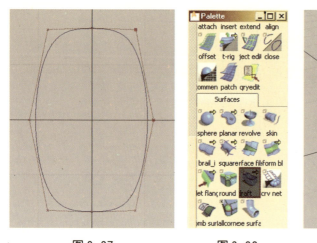 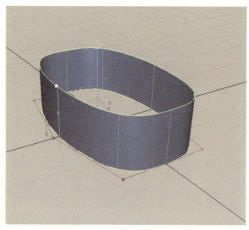

图 3-37　　　　　　图 3-38　　　　　　图 3-39

4. 在线框显示的模式下，我们可以看到曲线在使用拉伸工具后，在曲面中央可以看到一个空间坐标，箭头方向是拉伸的方向，如果想在别的轴向上拉伸，只要点击一下想要的坐标轴就可以了。另外，在拉伸曲面上，还可以看到一个蓝色圆点和紫色方块，点击蓝色圆点，拖动鼠标，拉伸曲面会向内或向外扩张和收缩；如果点击紫色方块，拖动鼠标，拉伸曲面的宽度会增加或减少；点中坐标上的圆弧虚线移动，可以微调拉伸角度（图3-40）。

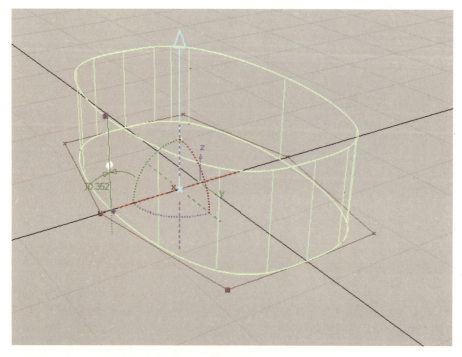

图 3-40

第七节 曲面圆角

1. 曲面圆角是指两个面相交后,以交线为基准,去掉不想要的部分,把保留下来的曲面进行圆角处理。
2. 在视窗中先画两个相交的平面(图3-41)。
3. 点击"Palette/Surfaces/Surface fillet"(图3-42)。

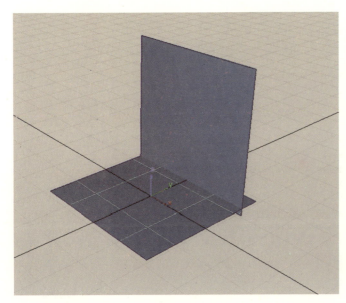

图3-41

图3-42

4. 点击视图中的一个平面,平面上出现一个蓝色箭头(图3-43、图3-44)(*箭头方向是指与其相交的另外一个面,在交线这侧需保留部分*),如果方向不对,可以直接点击箭头,箭头会指向相反方向,然后点击视图右下角"Accept"按钮,再点击另外一个面,同样出现一个蓝色箭头,如果方向是对的,再次点击视图右下角"Accept"按钮,两个曲面就形成一个圆角曲面(图3-45)。

图3-43

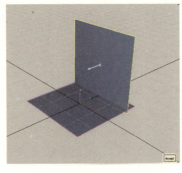

图3-44

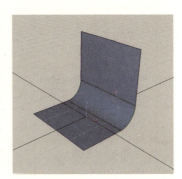

图3-45

5. 双击"Palette/Surfaces/Surface fillet"按钮。弹出对话框,在"Radius"中设置圆角曲面的半径大小(图3-46)。

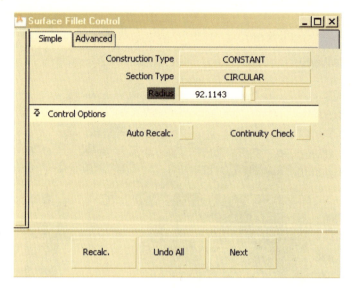

图 3-46

第八节　导角曲面

1. 点击"Palette/Surfaces/Cylinder"(图3-47)。
2. 在视图中画一个圆柱(*使模型处于线框状态,这样做导角时便于选择边缘*)(图3-48)。

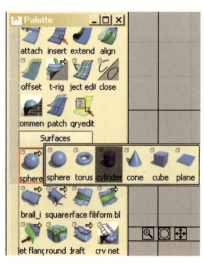

图 3-47

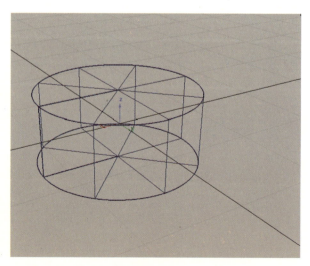

图 3-48

3. 选中"Palette/Surfaces/Round"按钮（图3-49），点击圆柱上端圆的边缘，圆柱上端的圆一半被选中，上面有两个三角形的导角符号（图3-50）。在大三角形处于白色状态下，在空白视图空白区域，点击鼠标左键上下拖动，可以改变导角的大小，如果用鼠标点选上面的小三角形不放，拖动鼠标，可以改变导角的位置。

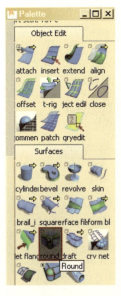

图3-49

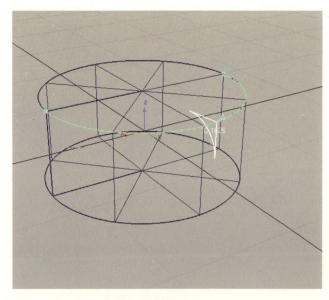

图3-50

4. 为了不致使导角产生破面，把圆柱上端的另外半个圆弧选中，并用上一步骤调节导角大小的方法，把另外一半的导角值调节小（图3-51），便于我们观察。导角值确定后，点击视图右下角的"Build"按钮（图3-52），导角曲面就生成了。如果不小心做错了导角曲面，可以点击"Revert"按钮。最后着色的效果如图3-53所示。

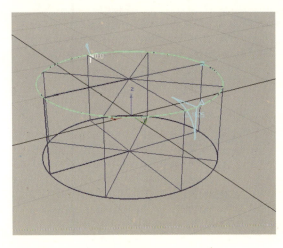

图3-51

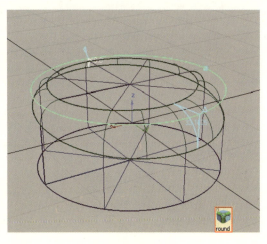

图3-52

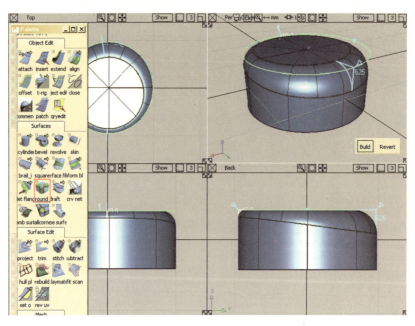

图 3-53

第九节 自由过渡曲面

1. 自由过渡曲面是指在两个曲面之间生成一个过渡曲面。
2. 在视图中画两个圆管（图 3-54）。
3. 点击"Palette/Surfaces/Freeform Blend"（图 3-55）。

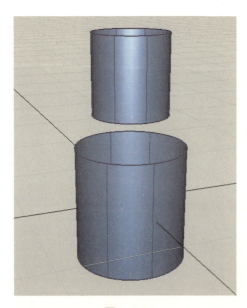

图 3-54

图 3-55

4. 点击视图中上面圆管的底部，边缘线变为紫色；然后再点击下面圆管的顶部，边缘变为黄色（图3-56），然后点击视图右下角的"Recalc"按钮，两个圆管之间就生成一个过渡曲面（图3-57）。

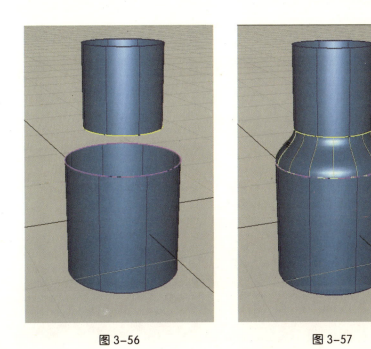

图3-56　　　　　　　图3-57

5. 双击"Palette/Surfaces/Freeform Blend"图标，出现对话框，调节"shape"的数值，可以调解过渡曲面的舒缓程度（图3-58）。

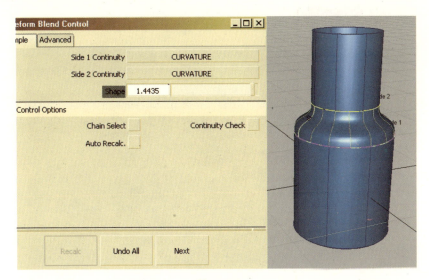

图3-58

第十节 曲面编辑

1. 用投影的方法得到用于曲面剪切或分离的线。
2. 在视图中画一个球面和一个圆的线形（图3-59）。

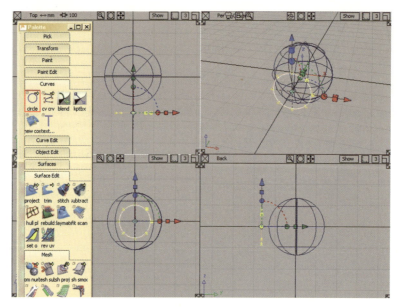

图 3-59

3. 点击"Palette/Surface Edit /Project"图标（图3-60）。
4. 在"Side"视图中先点击球面后点击视窗右下角"GO"图标；接着点击圆，再点击"GO"图标，球面上就形成了带点的面上线（图3-61）。

图 3-60

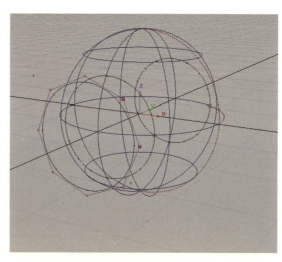

图 3-61

5. 我们可以沿着这些曲面上的线进行剪切和分离曲面的操作。

6. 点击"Palette/Surface Edit /Trim"（图3-62）。

7. 先点击曲面，再点击曲面上的圆形线内部的曲面后，会出现一个紫色十字符号，并且在视窗的下面出现"Keep"、"Discard"、"Divide"按钮，如果想保留十字符号的曲面，点击"Keep"按钮就可以了；如果想剪去十字符号的曲面，点击"Discard"就可以了；如果使两个曲面分离成两个部分，点击"Divide"就可以了（图3-63）；做好剪切或分离后，如果发现做错了，可以在步骤结束之前点击视窗右下角的"Revert"按钮，可以恢复到曲面剪切或分离前的步骤。最后着色效果（图3-64）。

图3-62

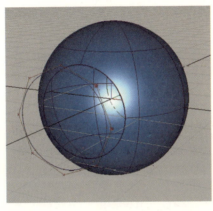
图3-63

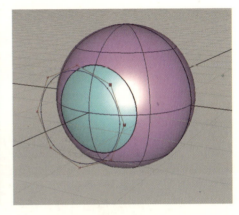
图3-64

8. 接下来，要做的是面与面相交，相交所形成的线也可以用来做剪切或分离。

9. 在视图中画一个球面和平面（图3-65）。

10. 点击"Palette/Surface Edit /Project"（图3-66）。

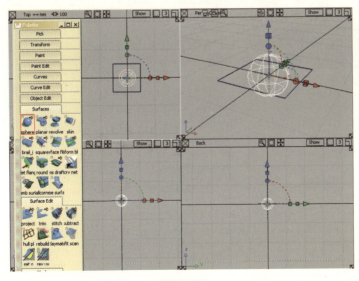
图3-65

图3-66

11. 点击其中的一个曲面,然后点击视图右下角的"GO"按钮,再点击另外一个曲面,再点击下视图右下角的"GO"图标。两个面之间就形成一根带点的相交线(图3-67)。

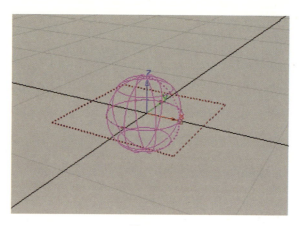

图 3-67

12. 点击"Palette/Surface Edit /Trim",点选球面,然后在球面的上半部分再点击一下,在上半球出现一个十字图形后点击视图右下角的"Discard"按钮,球的上半部分就可以剪掉了(图3-68)。

13. 在"Trim"按钮还处在选择的状态下,点击平面,然后再在平面上圆的内部点击一下,出现十字图形后,点击图右下角的"Discard"按钮,平面上的圆形被剪掉了(图3-69)。

通过以上几种曲面编辑功能,我们可以用相对简单的步骤做出比较复杂的曲面模型。

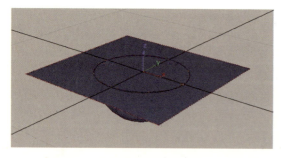

图 3-68

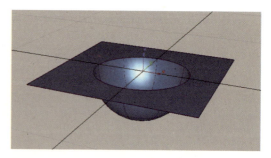

图 3-69

第四章 调味瓶建模

该模型主要是由两个球体组成,是一个规则的对称体。建对称体可以用的方法有镜像和阵列,通过复制物体某个局部来构造出一个整体。

第一节 瓶体局部建模

1. 单击工具栏中"File",选择"New",创建工作窗口。按"F6"键进入左视图,选择"Platte/Curves/New curves(CV)"(图4-1)在左视图中绘制一条曲线(图4-2)。

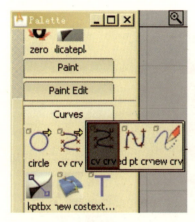
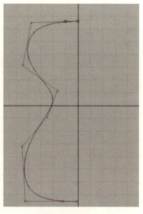

图4-1 　　　　　　　图4-2

2. 选中绘制的曲线后,双击"Palette/Surfaces/Revolve surface"(图4-3)激活其属性窗口,将"Sweep Angle"调整为"30"(*因为有12个凹槽*)(图4-4),然后点击右下方的"GO"形成一个弧面。

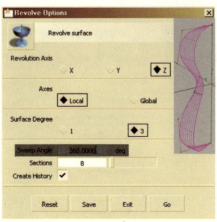

图4-3 　　　　　　　图4-4

3. 按"F5"键进入顶视图。选中曲面,选择"Palette/Transform/Rotate"(图4-5),再单击上方工具栏中"Windows/Information/Information Window"(图4-6)。

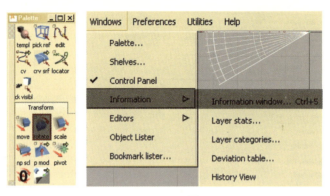

图4-5　　　　图4-6

4. 将"Transform info/Rotate"的最后一项改为"-15°"(图4-7)。

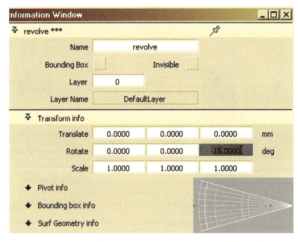

图4-7

5. 按"F7"切换到"Back"视图,选择"Palette/Surfaces/Sphere",绘制一个与曲面相交的椭圆形球体。选中椭圆形球体,单击右侧控制面板上的"Panel/Display/(Cv/Hull)",显示球体上的"CV"点(图4-8)。

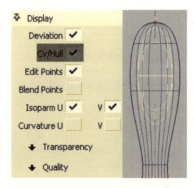

图4-8

6. 选中对称的"CV"点（*按住键盘上的"Ctrl"和"Shift"键,鼠标左击选择"CV"点*）（图4-9）。

7. 缩放或旋转功能调整"CV"点（图4-10），按"F6"进入左视图，将其调整到适当的位置（图4-11）。

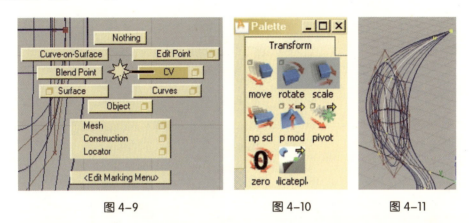

图4-9　　　　　　　图4-10　　　　　　　图4-11

8. 选中曲面，单击"Palette/Surface Edit/Intersect"图标（图4-12），再选择椭圆形球体，这样会在物体上形成一条深绿色的相交线（*也可以说是切割线*），然后选择"Palette/Surface Edit/Trim"图标，接着两次点击曲面或球体，第一次是选中物体，第二次是激活右下角的三个命令（*两次点击必须在同一个物体上,两次点击后会出现一个十字形标记,三个命令只对出现十字形标记的面起作用*），最后裁出所需图像（图4-13、图4-14）。

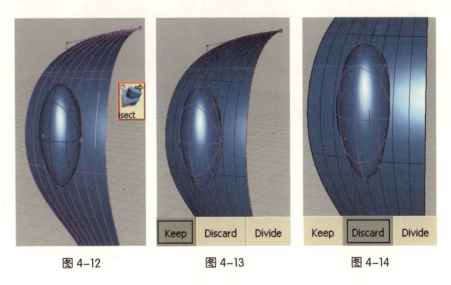

图4-12　　　　　　　图4-13　　　　　　　图4-14

9. 按"F7"切换到"Back"视图，选择"Palette/Curves/New curves(edit point)"，画条直线（图4-15）。调整直线的位置，然后选中曲面，单击"Palette/Surface Edit/Project"，再点击一下直线，接着点右下角"GO"（图4-16），在曲面上投影出一条面上线。最后选择"Palette/Surface Edit/Trim"，再单击要分离的面。点右下角"Divide"（图4-17）。

45

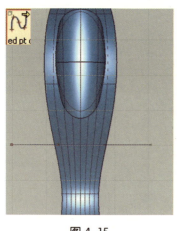 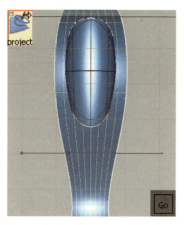 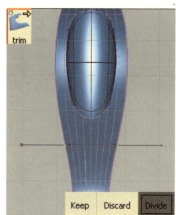

图 4-15　　　　　　　　图 4-16　　　　　　　　图 4-17

10. 双击"Palette/Surfaces/fillet flange　"按钮，将"Fillet/Radius"改为"5"，再点击右下方的"Next"（图 4-18）。

11. 然后单击分离处，选择其中一个分离面，点击视图右下角的"Recalc"会形成导角边，同时会在原来的曲面上形成一条面上线（*切割线*）。同样，单击另一个分离面，形成另一个导角边（图 4-19）。两个导角边会与原来的曲面形成面上线，选择"Palette/Surface Edit/Trim"按钮，将不需要的面剪切掉（图 4-20、图 4-21）。

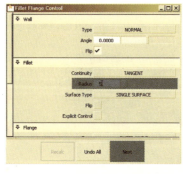   

图 4-18　　　　　　图 4-19　　　　　　图 4-20　　　　　　图 4-21

12. 按"F5"切换到"Top"视图，选择"Palette\Curves\circle　"按钮，画两个同心圆，注意同心圆的圆心与曲面顶点的位置（*按住"Alt"键，鼠标单击网格交点*）（图 4-22），然后运用同样的方法做出另外的 4 个导角边（图 4-23）。

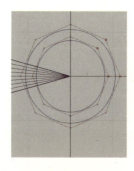 

图 4-22　　　　　　　　　　　　　图 4-23

第二节 完成模型

1. 按"F5"进入"Top"视图,选定所有的面,选择"Palette/Transform/Set pivot",按住"Alt"键的同时,鼠标单击坐标原点,这样把曲面和圆的中心点统一在一点(图4-24)。
2. 单击上方工具栏"Edit/Duplicate/Object"(图4-25)按钮,将"Number"数改成"11","Rotation"第三改成"30",接着点"GO"(图4-26)。

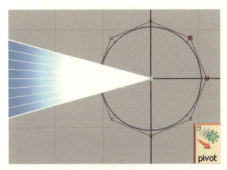
图4-24

图4-25

图4-26

3. 选择"Palette/Surface/round",点击凹面与曲面的交界处,然后直接在键盘上输入"10",表示倒角半径为10,再依次点击所有的交界处,最后点击"build",完成曲面棱角处的导角(图4-27、图4-28、图4-29)。

图4-27

图4-28

图4-29

第五章　电吹风建模

对于简单的不规则物体，我们可以把它分割成几个大块来建模，电吹风大致可以分成三个部分：圆形壁腔、把手以及出风口。将其分离以后我们可以看出每个部分的模型其实很简单，用上一章学过的方法就可以基本解决。最后处理一些细节就可以完成模型。

第一节　壁腔建模

1. 进入软件，点击上方工具栏中"File"，选择"New"，创建工作窗口，按"F6"键进入左视图。选择"Platte/Curves/New curves(edit point)"（图5-1），在左视图中绘制一条曲线（图5-2）。

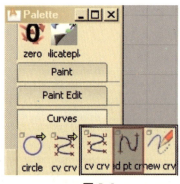
图 5-1

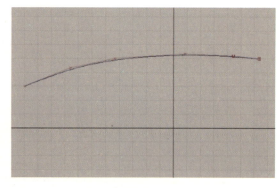
图 5-2

2. 确定曲线为选择状态，选择"Palette/Transform/Set Pivot"（图5-3），按着键盘上"Alt"键的同时，鼠标单击网格的交点处，将曲线的基准点线上移动两格（*视曲线位置而定，可以巧妙地运用网格来进行精确定位*）（图5-4）。

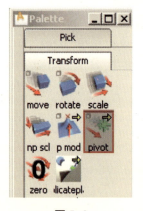
图 5-3

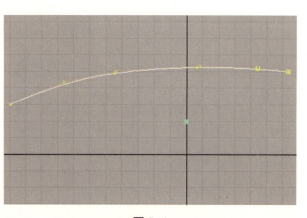
图 5-4

3. 保持曲线选中状态不变，双击"Palette/Surface/Revolve surface"，激活其属性窗口，将"Revolution Axis"调整为"X"轴，然后点击属性窗口右下角的"GO"（图5-5），形成一个圆筒状模型（图5-6）。

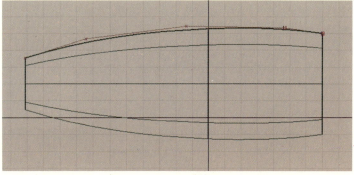

图 5-5　　　　　　　　　　　图 5-6

4. 选择"Platte/Curves/New curves(CVs)"，按着键盘上"Ctrl"键，点击前面一根曲线的右末端，松开"Ctrl"键，沿着预先设想的线条走向确定两个"CV"点（默认状态下"Curve Degree"为3），在确定第四个"CV"点时按着键盘上"Alt"键，将最后一个点吸附在网格交点上，这样，根据4个"CV"点可以生成一条曲线。微调曲线上的"CV"点（图5-7）。后面凡是涉及用"New curves(CVs)"作线，都是采用这样的方法。选中曲线，按照第二步中的方法也将曲线的基准点上调两格（图5-8）。

5. 选择"Palette/Curve Edit/Project tangent"（图5-9），先点击曲线，再点击曲面，会生成一个带箭头的十字坐标，在默认状态下曲线会自动和曲线相切（图5-10）。

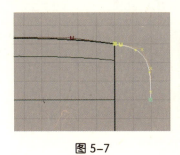
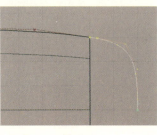

图 5-7　　　　　图 5-8　　　　　图 5-9　　　　　图 5-10

6. 双击"Palette/Surface/Revolve surface"，激活其属性窗口，将"Revolution Axis"调整为"X"轴，"Sweep Angel"调整为"30"，然后点击属性窗口右下角的"GO"（图5-11）。

7. 按"F7"，切换到"Back"视图，选中扇面，选择"Palette/Transform/Scale"，点击鼠标后会出现一个丢失构建历史的对话框，点击"Yes"（图5-12）。保持扇面为选中状态，统一基准点，点击"Windows/Information/Information window"（图5-13），在"Transform info/Rotate"中第一格中输入"-15"，按回车键（图5-14）。

 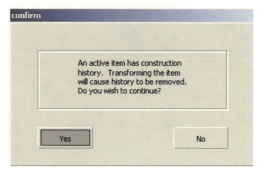

图 5-11　　　　　　　　　　　图 5-12

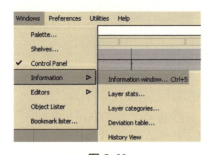 

图 5-13　　　　　　　　　　　图 5-14

8. 选择"Palette/Curves/Circle",以扇面基准点为圆心,画三个同心圆(图 5-15)。

9. 选中扇面,单击"Palette/Surface Edit/Projcct"(图 5-16),选择三个圆环以及扇面和壁腔上的 ISO 线,点击右下角的"GO"(图 5-17)。

10. 选择"Palette/Surface Edit/Trim"(图 5-18),点击扇面任何区域,激活切割对象,依次单击所要裁减的区域,然后点击右下角"Discard"(图 5-19)。

11. 选中切割后的扇面,点击上方工具栏"Edit/Duplicate/Object",将"Number"数改成"11","Rotation"第三改成"30",接着点"GO"(图 5-20)。

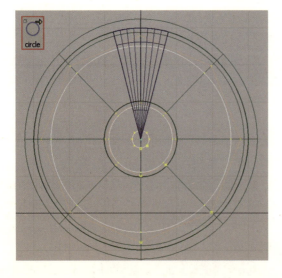

图 5-15

第五章　电吹风建模

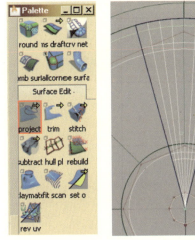

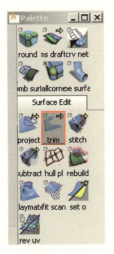
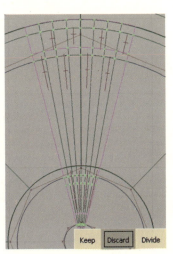

图 5-16　　　　　图 5-17　　　　　图 5-18　　　　　图 5-19

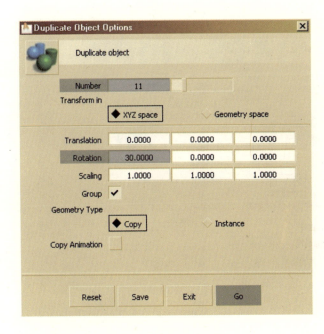

图 5-20

第二节　把手建模

1. 按"F5"进入"Top"视图，选择"Palette/Curves/Circle"，通过按"Alt"键捕捉网格交点的方法画两个关于"X"轴对称的圆环，按着鼠标中键调整圆环横向的位置（图 5-21）。按"F6"，进入"Left"视图，按鼠标右键调整圆环纵向位置（图 5-22）。

2. 选择"Palette/Curves/New curve(Edit point)"，画两条曲线，起点按着"Ctrl"键捕捉小圆环的端点（图 5-23）。

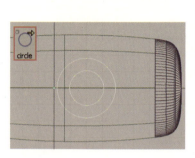
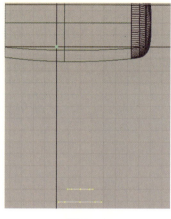
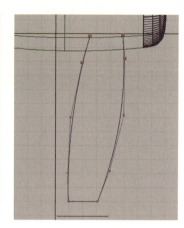

图 5-21　　　　　　　　图 5-22　　　　　　　　图 5-23

3. 按"F8"进入"Perspective"视图，双击"Palette/Surfaces/Rail surface"，激活其属性框，"Generation Curves"为"1"，"Rail Curves"为"2"，并将"rail 1"和"rail 2"的"Continuity"设置成"IMPLIED TANGENT"，勾选"Rebld"（图 5-24）。小圆环为"gen.1"，两条曲线分别为"rail 1"、"rail 2"（图 5-25）。

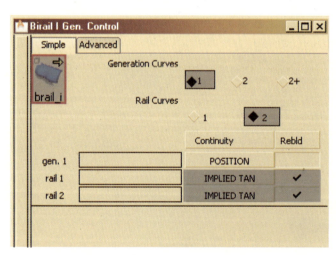

图 5-24　　　　　　　　　　　　　　图 5-25

4. 保持曲面的选中状态，点击上方工具栏"Edit/duplicate/mirror(后面的小方块)"（图 5-26），将"Mirror Across"设置为"XZ"，点击右下角"GO"（图 5-27）。

5. 选择刚生成两个曲面，点击"Palette/Surface Edit/Intersect"（图 5-28），

6. 然后点击壁腔的任意处（图 5-29）。选择"Palette/Surface Edit/Trim"（图 5-30），切割掉不需要的部分（图 5-31）。

7. 选择"Palette/Surfaces/Round"（图 5-32），把手和壁腔的交界处，前端数值为"120"，后端数值为"100"，单击右下角"Build"（图 5-33）。

第五章 电吹风建模

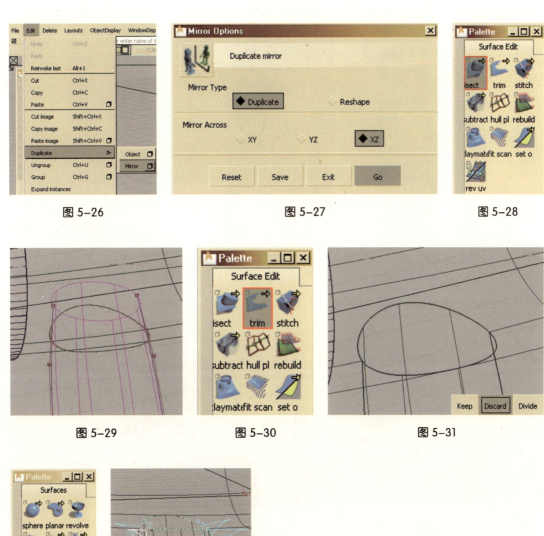

图 5-26　　　　　　　图 5-27　　　　　　　图 5-28

图 5-29　　　　　　　图 5-30　　　　　　　图 5-31

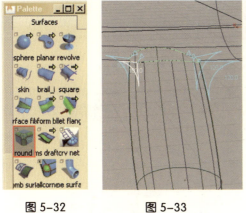

图 5-32　　　　图 5-33

8. 按"F6"进入"Left"视图，选择"Palette/Curves/New curve(Edit point)"，画一条"S"形曲线（图 5-34）。选中把手的两个曲面，点击"Palette/Surface Edit/Project"，单击"S"形曲线任意处（图 5-35）。点击"Palette/Surface Edit/Trim"，将不需要的部分切除（图 5-36）。

9. 选择"Palette/Curves/New curve(Edit point)"（图 5-37），按着键盘上的"Ctrl"和"Alt"键，捕捉曲面和圆环的端点，在左右两侧各做一条曲线（图 5-38）。

53

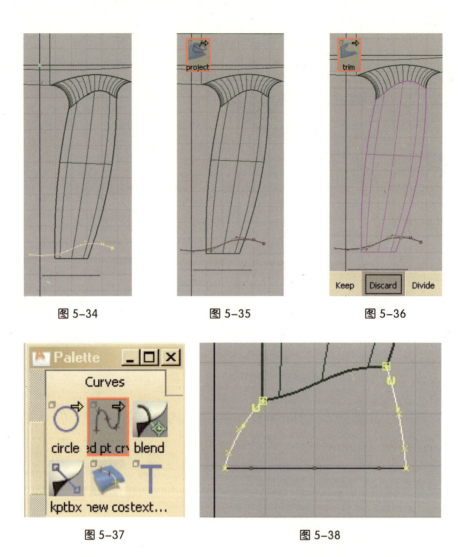

图 5-34　　　　　图 5-35　　　　　图 5-36

图 5-37　　　　　图 5-38

10. 双击"Palette/Surfaces/Rail surface",激活其属性框,"Generation Curves"为"2","Rail Curves"为"2",并将"rail 1"和"rail 2"的"Continuity"设置成"IMPLIED TANGENT",点击"Rebld"(图 5-39)。曲面边线和大圆环分别为"gen.1"和"gen.2";两侧曲线分别为"rail 1"和"rail 2"(图 5-40)。

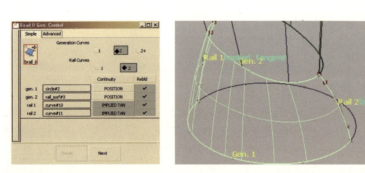

图 5-39　　　　　图 5-40

11. 运用镜像的方法构建另外半个曲面,按"F6"进入"Left"视图,选择"Palette/Curves/New curve(Edit point)"(图5-41),按着键盘上的"Ctrl"和"Alt"键,捕捉曲圆环的端点,松开键盘,做一条曲线(图5-42)。

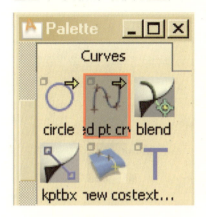
图5-41

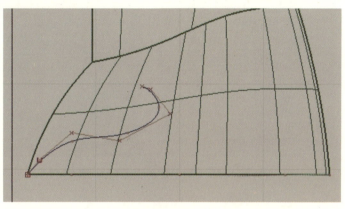
图5-42

12. 双击"Palette/Surfaces/Rail surface",激活其属性框,"Generation Curves"为"1","Rail Curves"为"1",将"Rail Curves"的"Continuity"设置成"POSITION"(图5-43)。曲线为"gen.1",圆环为"rail 1"(图5-44)。

13. 选择"Palette/Surfaces/Round",点击两个面的交界处,数值设为"6",点击右下角"Build"(图5-45)。

图5-43

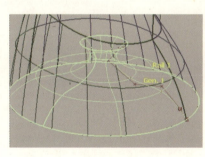
图5-44

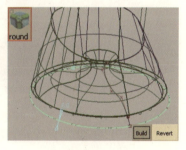
图5-45

14. 按"F6"进入"Left"视图,选择"Palette/Curves/New curve(Edit point)",在把手上部右侧作一条曲线(图5-46)。选中把手的两个曲面,单击"Palette/Surface Edit/Project",再单击曲线的任意处(图5-47)。选择"Palette/Surface Edit/Trim",选择切割区域,单击右下角的"Divide"(图5-48)。

15. 选中分离出来的面,按着鼠标的中键向右平移几个单位(图5-49)。选择"Palette/Surfaces/Skin surface",点击相邻的曲面边线(图5-50)。选择"Palette/Surfaces/Round",点击两个面的交界处,数值设为"5",点击右下角"Build"(图5-51)。

16. 按"F7"进入"Back"视图,选择"Palette/Surfaces/Sphere",建一个扁球体(图5-52)。按"F6"切换到"Left"视图,调整扁球体的位置和倾斜度(图5-53)。保持扁球体的选中状态。

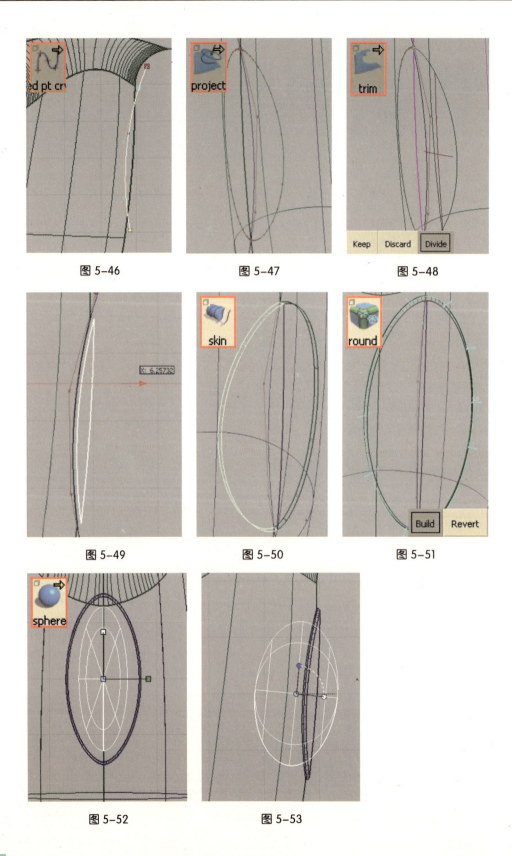

图 5-46　　　　图 5-47　　　　图 5-48

图 5-49　　　　图 5-50　　　　图 5-51

图 5-52　　　　图 5-53

17. 点击"Palette/Surface Edit/Intersect",在和它相交曲面的任意处单击一次(图 5-54);选择"Palette/Surface Edit/Trim",裁去曲面上不需要的部分(图 5-55)。

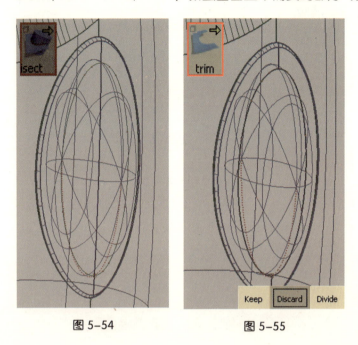

图 5-54　　　　　　图 5-55

18. 双击"Palette/Surfaces/fillet flange",将"Fillet/Radius"改为"5",取消"Flange/Create Flange"的勾选,点击右下方的"Next"(图 5-56)。单击切割处的任意地方(*两边都要点击*),点击右下角的"Recalc"形成圆边(图 5-57)。选择"Palette/Surface Edit/Trim",裁剪曲面上的多余部分(图 5-58)。

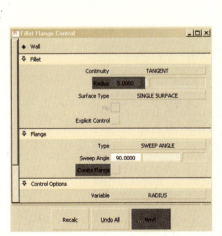 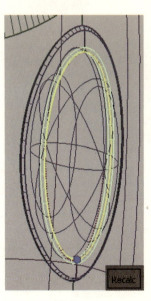 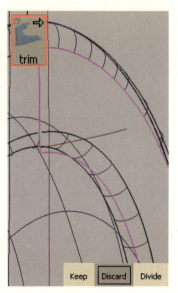

图 5-56　　　　　　图 5-57　　　　　　图 5-58

19. 选中扁球体，点击"Palette/Surface Edit/Intersect"，单击圆边的任意地方（图 5-59）。选择"Palette/Surface Edit/Trim"，裁剪掉扁球体不要的地方（图 5-60）。

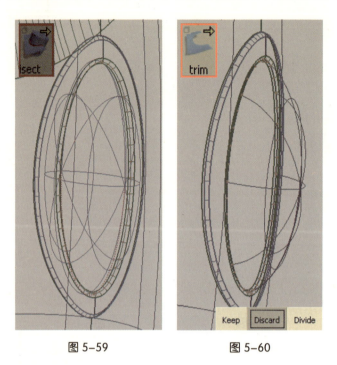

图 5-59　　　　　　　图 5-60

20. 按"F6"进入"Left"视图。选择"Palette/Curves/New curve(Edit point)"，做一条弧线（图 5-61），按"F7"切换到"Back"视图将弧线向中轴线左侧移动几个单位（*可以按着鼠标中键进行拖动*），然后复制一条移动到中轴线右侧（图 5-62）。

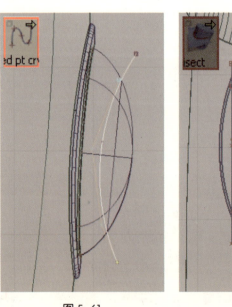 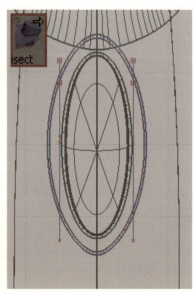

图 5-61　　　　　　　图 5-62

21. 选择"Palette/Surfaces/Skin surface",点击中轴线两侧的两根弧线,形成一个弧面(图 5-63)。

22. 选中弧面,点击"Palette/Surface Edit/Intersect",单击所剩扁球体任意处(图 5-64)。选择"Palette/Surface Edit/Trim",裁剪掉扁球体和曲面不需要的地方(图 5-65)。选择"Palette/Surfaces/Round",点击裁剪处,数值设为"5"(*可以在多处点击防止倒角变形*),点击右下角"Build"(图 5-66)。

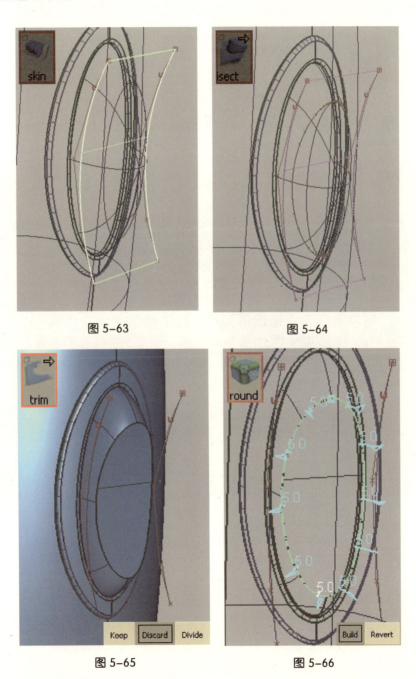

图 5-63　　　　　　　　图 5-64

图 5-65　　　　　　　　图 5-66

第三节　出风口建模

1. 按"F7"进入"Back"视图，选择"Palette/Curves/Circle"，以壁腔的基准点为中心点做一个圆环，将其调整为椭圆形（图5-67），按"F6"进入"Left"视图，平移到适当位置（图5-68）。选择"Palette/Curves/New curve(Edit point)"，按着键盘"Ctrl"和"Alt"键捕捉椭圆形环的上端端点，松开键盘完成，做一条弧线（图5-69）。

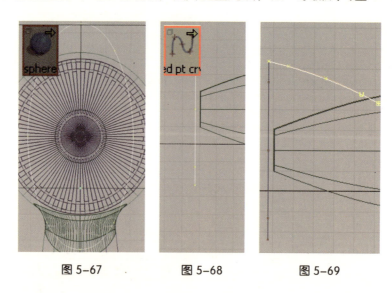

图 5-67　　　　　图 5-68　　　　　图 5-69

2. 以"X"轴为对称轴镜像这条弧线。选中镜像得到的弧线，点击"Palette/Transform/Set Pivot"，按着键盘上的"Ctrl"键，单击这条弧线的左端点（图5-70）。保持这条弧线的选中状态，点击"Palette/Transform/Move"，按着键盘上的"Ctrl"和"Alt"键，捕捉到椭圆形环的下端端点（图5-71）。

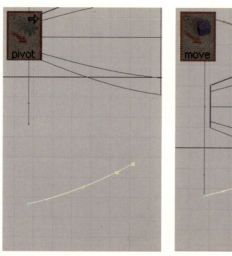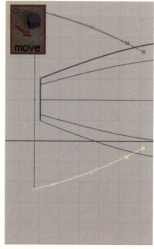

图 5-70　　　　　图 5-71

3. 双击"Palette/Surfaces/Rail surface",激活其属性框,"Generation Curves"为"1","Rail Curves"为"2",并将"rail 1"和"rail 2"的"Continuity"设置成"IMPLIED TANGENT",勾选"Rebld"(图5-72)。两条弧线为"rail",椭圆形环为"gen."(图5-73)。运用镜像的方法(第二节第四步)做出另一半(图7-74)。

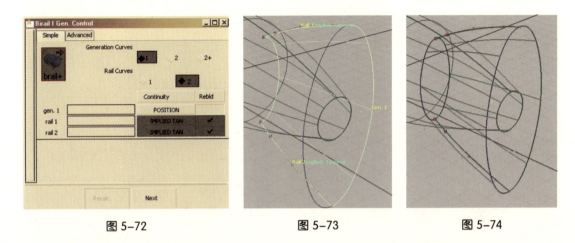

图 5-72　　　　　图 5-73　　　　　图 5-74

4. 选择刚才所作的两个曲面,点击"Palette/Surface Edit/Intersect",再单击壁腔的任意处(图5-75),选择"Palette/Surface Edit/Trim",裁剪掉曲面和壁腔不需要的部分(图5-76)。

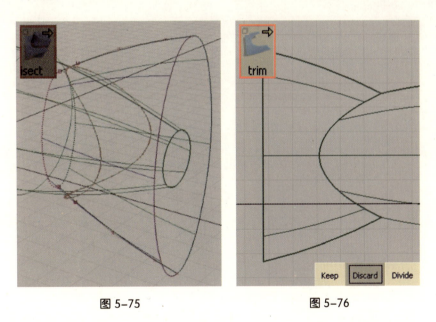

图 5-75　　　　　图 5-76

5. 按"F6"进入"Left"视图,选择"Palette/Curves/New curve(edit point)",在出风口处做一条弧线(*可以通过按着键盘上的"Alt"键捕捉网格来确定点的位置,保持出风口上下对称*)(图5-77)。选中出风口的两个曲面,单击"Palette/Surface Edit/Project",将曲线投到曲面上(图5-78)。

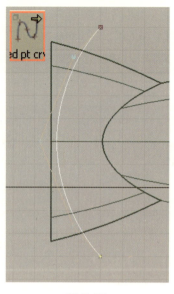 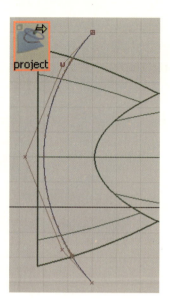

图 5-77　　　　　　　　图 5-78

6. 选择"Palette/Surface Edit/Trim",裁剪掉出风口不需要的部分(图 5-79)。选择"Palette/Surfaces/Round",在出风口和壁腔的交界处做倒角,上下两端的数值为"100",左右两侧的数值为"60",点击右下角的"Build"(图 5-80)。

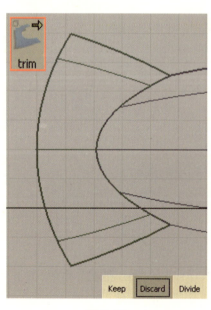 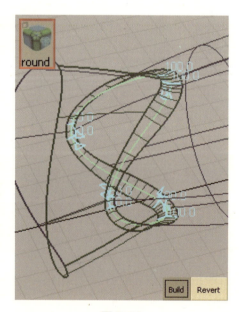

图 5-79　　　　　　　　图 5-80

7. 按"F7"进入"Back"视图,选择"Palette/Curves/Circle",按着键盘"Alt"键捕捉和壁腔基准点在同一水平位置的网格交点,以这个点为圆心做一个圆环(图 5-81),按"F6"切换到"Left"视图,按着鼠标中键将圆环拖动到壁腔前端(*拖动前激活"move"命令*)(图 5-82)。

第五章 电吹风建模

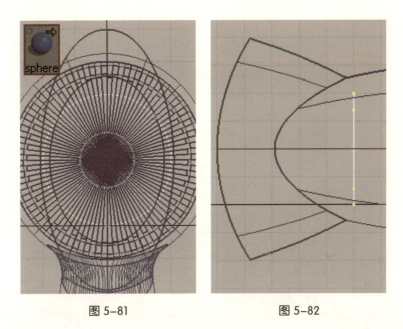

图 5-81　　　　　　图 5-82

8. 按"F7"进入"Back"视图，选择"Palette/Curves/New curve(Edit point)"，做一条中轴线（图5-83）。选择"Palette/Curve Edit/Section a group of curves"，点击圆环的左半部分，然后点击右下角的"GO"，再点击中轴线，剪切曲线（图5-84）。

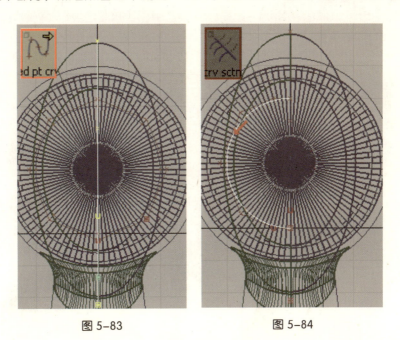

图 5-83　　　　　　图 5-84

9. 按"F6"进入"Left"视图，选择"Palette/Curves/New curve(Edit point)"，按着键盘上的"Ctrl"键捕捉圆环的上部端点，松开键盘，做一条弧线（图5-85），然后按照第一节中第四步到第十一步作壁腔尾部的方法（*投影剪切的方法*），做一个镂空的弧面（*镂空的花纹可以和前面所作的有所区别*）（图5-86）。

63

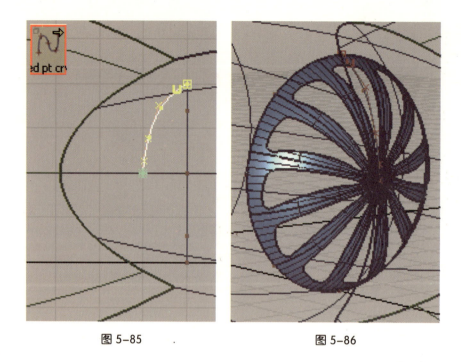

图 5-85　　　　　　　　图 5-86

10. 双击"Palette/Surfaces/tube flange",勾选"Tube/Flip",将"Flange/Sweep Angle"改成"180",点击"Next"(图5-87),单击出风口边缘(*两侧都要点*),点击右下角"Recalc"形成圆边(图5-88)。

11. 按"F5"进入"Top"视图,选择"Palette/Curves/New curve(Edit point)",按着键盘上的"Alt"和"Ctrl"键捕捉圆边的顶点和半圆环的端点,调整"CV"点(图5-89)。

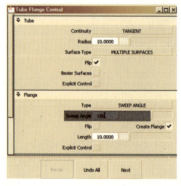  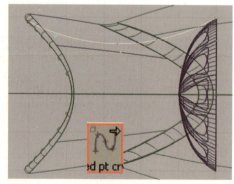

图 5-87　　　　　　图 5-88　　　　　　图 5-89

12. 双击"Palette/Curve Edit/Project tangent",先点击曲线,再点击圆边,将属性框中"Tangent Adjustment/Scale"的数值改为"1.5",单击属性框右下角"Undo"(图5-90)。按"F6"进入"Left"视图,然后运用第三节第一步镜像的方法做出底下一根对称的弧线(图5-91)。

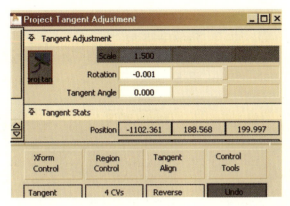
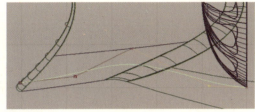

图 5-90   图 5-91

13. 双击 "Palette/Surfaces/Rail surface",激活其属性框,"Generation Curves" 为 "2+","Rail Curves" 为 "2",并将 "gen.1" 和 "last gen" 的 "Continuity" 设置成 "IMPLIED TANGENT",勾选所有的 "Rebld"(图 5-92)。圆边和半圆环为 "rail",两条弧线和一条曲线 "gen."(图 5-93)。然后镜像另一半(图 5-94)。

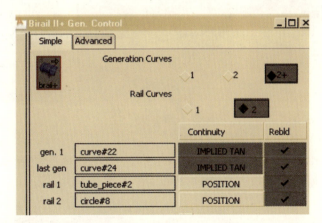

图 5-92

图 5-93   图 5-94

14. 按"F6"进入"Left"视图，选择"Palette/Curves/New curve(Edit point)"在壁腔偏左部做一条直线（图5-95），选中壁腔，点击"Palette/Surface Edit/Project"，在直线任意处单击一次（图5-96），选择"Palette/Surface Edit/Trim"，选择要分割的壁腔，然后选择视窗右下角的"Divide"按钮，将壁腔分割开（图5-97）。

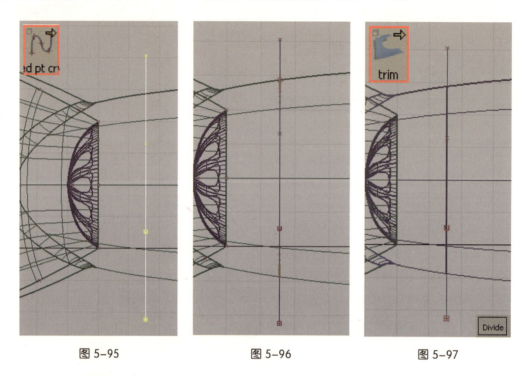

图 5-95　　　　　　　图 5-96　　　　　　　图 5-97

15. 双击"Palette/Surfaces/fillet flange"，勾选"Wall/Flip"，点击"Next"（图5-98），分别单击壁腔的分割处，再点右下角的"Recalc"，做出两个圆边（图5-99）。

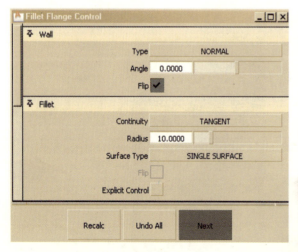 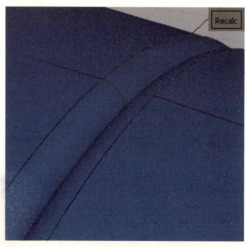

图 5-98　　　　　　　　　　　　　图 5-99

16. 选择"Palette/Surface Edit/Trim",裁剪掉壁腔上不需要的部分(图5-100),完成建模(图5-101)。

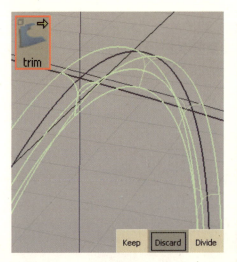 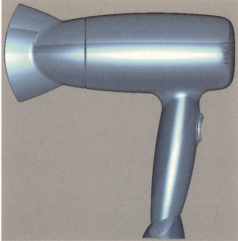

图 5-100　　　　　　　　　　图 5-101

第六章 手机建模

本章手机建模的方法主要通过"CV"曲面、路径曲面和 Skin 曲面的应用、曲面相贯及裁切方法、结构线的制作方法等,可以基本掌握手机类产品的曲面构建方法。

第一节 构建手机上盖曲面

1. 单击工具栏中"File",选择"New",创建工作窗口。按"F6"键进入左视图,选择"Platte/Curves/New curves(CV curves)"(图 6-1),在左视图中绘制一条曲线(图 6-2)。

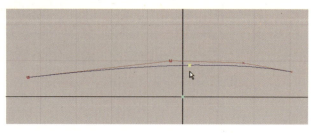

图 6-1　　　　　　　　　　图 6-2

2. 然后在后视图中,同样使用"Platte/Curves/New curves(CV curves)"工具,再绘制一条曲线(图 6-3、图 6-4)。

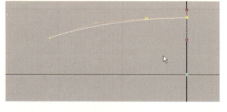

图 6-3　　　　　　　　　　图 6-4

3. 双击工具栏中"Platte/Surfaces/Rail surface"工具(图 6-5),弹出参数设置对话框,在"Simple"栏里将"Generation Curves"参数设为"1",将"Rail Curves"参数设为"1",说明一条曲线将沿着另一条路径曲线形成路径曲面(图 6-6)。

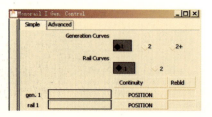

图 6-5　　　　　　　　　　图 6-6

4. 在窗口内先点击曲线"Gen1",然后再点击曲线"Rail 1"(轨迹曲线),这样一个路径曲面就建成了,然后在"rail 1/continuity"选择"IMPLIED TAN",意味着这条线就能和经过这条线的连接面有个光滑的过渡(图6-7)。

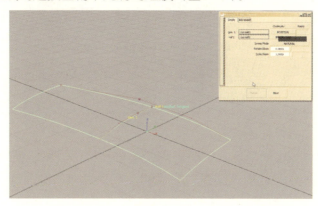

图 6-7

5. 新建一个图层,点击"Layers"中"New",把它命名为"surface"(图6-8),选中该面,点击"surface/Assign"把它归到该图层中,然后点击"surface/Symmetry"(图6-9),通过虚拟镜像,这样就能看到一个完整对称的上表面了(注:另一半曲面只是虚拟曲面,并不实际存在。)(图6-10)。

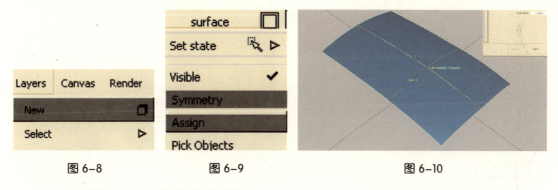

图 6-8　　　　　　图 6-9　　　　　　　　图 6-10

6. 在顶视图中画两条轮廓线(图6-11)。然后点击"Platte/Surface Edit/project"投影工具(图6-12),在顶视图,先选中要投影的面,确定好点击右下角"GO"按钮,再选中两根轮廓线,再点击右下角"GO"按钮这样两条轮廓就完全投影在曲面上了(图6-13)。

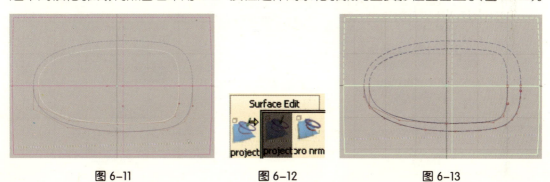

图 6-11　　　　　　图 6-12　　　　　　　图 6-13

7. 点击"Platte/Surface Edit/Trim"剪切工具，选中要保留的面，会出现十字交叉的蓝线（图6-14），然后点击右下角的"Keep"键，保留该面（图6-15）。

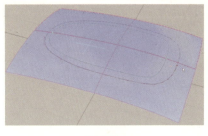
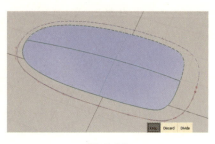

图 6-14　　　　　　　　　　　图 6-15

8. 使用"Move"移动工具，下移外圈轮廓线（图6-16），选择"Platte/Curves/New curves(CV curves)"，按着键盘上的"Alt"和"Shift"键，分别确定连接曲线两端点所在位置，然后调节线的CV点（图6-17、图6-18）。

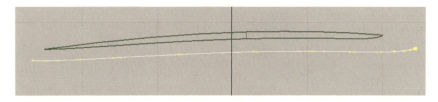

图 6-16

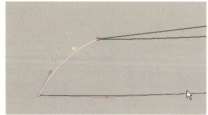

图 6-17　　　　　　　　　　　图 6-18

9. 双击工具栏中"Platte/Surfaces/Rail surface"工具（图6-19），弹出参数设置对话框，在"Simple"栏里将"Generation Curves"参数设为"2"，将"Rail Curves"参数设为"2"，说明有两条曲线沿着两条路径形成路径曲面（图6-20）。

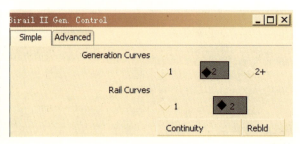

图 6-19　　　　　　　　　　　图 6-20

第六章　手机建模

10. 在窗口内先点击曲线"Gen1"、"Gen2"，然后再点击曲线"Rail1/Rail2"（*轨迹曲线*），然后在"gen1、gen2/continuity"后选择"IMPLIED TAN"，"rail2/Rebld"处打勾（图6-21、图6-22）。

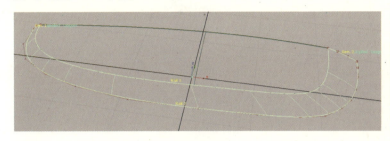
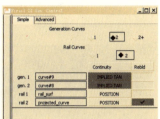

图 6-21　　　　　　　　　　　　　　图 6-22

11. 手机的上盖曲面基本完成了（图6-23）。

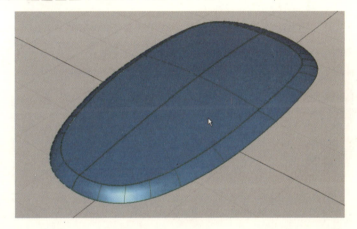

图 6-23

第二节　构建手机侧曲面

双击工具栏中"Platte/Surfaces/Draft(or Flange)"工具（图6-24），弹出参数设置对话框"Draft/Flange Surface Options"设置相应的深入角度和长度（图6-25）。

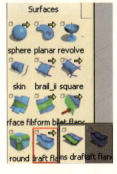
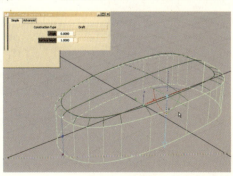

图 6-24　　　　　　　　　图 6-25

第三节 构建底部曲面

1. 点击工具栏中"Platte/Surfaces/Plane"在顶视图中建一个平面（图6-26），调节侧视图的位置（图6-27）。

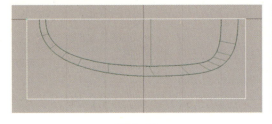

图6-26　　　　　　　　　　图6-27

2. 点击工具栏中"Platte/Surfaces/surface fillet"面导角工具（图6-28），弹出参数设置对话框"Surface Fillet Control"设置相应的导角半径（图6-29）。

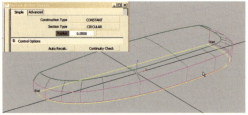

图6-28　　　　　　　　　　图6-29

第四节 构建过渡曲面

1. 双击工具栏中"Platte/Object Edit/Offset"（图6-30），弹出参数设置对话框，在"Distance"下参数为"-0.0525"，点击上表面（图6-31、图6-32）。

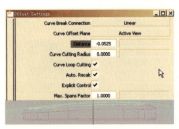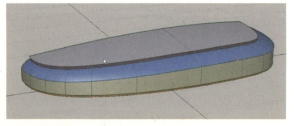

图6-30　　图6-31　　　　　　　　　　图6-32

2. 双击工具栏中"Platte/Curves/Circle"（图6-33），弹出参数设置对话框，设置"Sweep Angle"的参数为"180.00"（图6-34）。然后在顶视图中画两个半圆（图6-35）。

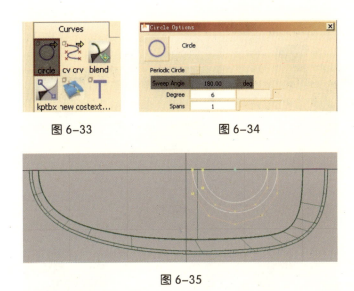

图 6-33　　　　　　　图 6-34

图 6-35

3. 双击工具栏中"Platte/Surface Edit/Project"（图 6-36、图 6-37），在顶视图（*如在透视图中投影会产生偏移的*）中将两个半圆分别投影在上面两个面（图 6-38、图 6-39）。

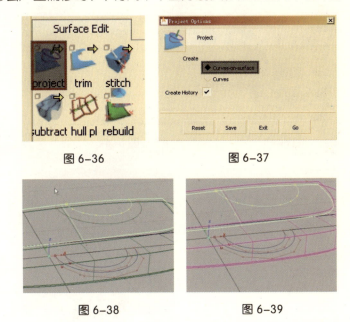

图 6-36　　　　　　　图 6-37

图 6-38　　　　　　　图 6-39

4. 点击工具栏中"Platte/Surface Edit/trim"（图 6-40）功能键，用前面所学的"trim"命令保留上表面的半个圆面以及下表面的其余部分（图 6-41、图 6-42）。

5. 点击工具栏中"Platte/Curves/New curve(edit point)"（图 6-43），用吸附工具" "连接上、下两点（图 6-44）。

6. 点击工具栏中"Platte/Curve Edit/Project tangent"曲线对齐工具（图 6-45），先点击新建的线，再点击过渡的边线（上、下）（图 6-46、图 6-47）。

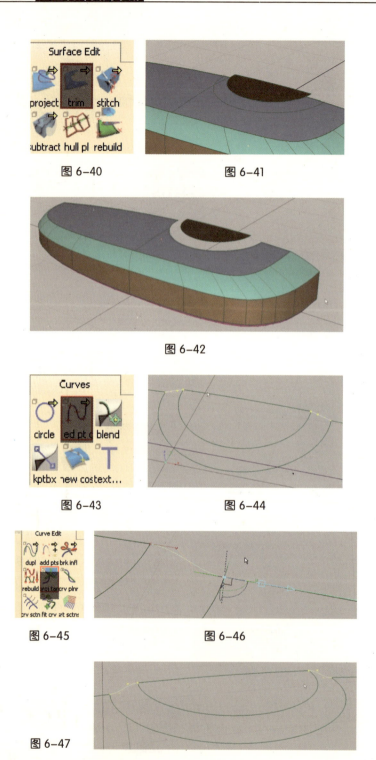

图 6-40　　　　　图 6-41

图 6-42

图 6-43　　　　　图 6-44

图 6-45　　　　　图 6-46

图 6-47

7. 双击工具栏中"Platte/Surfaces/Rail surface"（图 6-48），先点击两条轨道线，再点击两条放样线如图 6-49，最后曲面效果如图 6-50。

第六章　手机建模

图 6-48

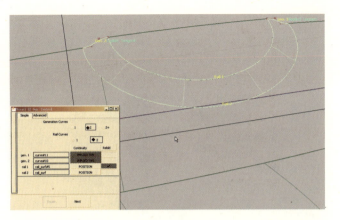

图 6-49

图 6-50

第五节　构建细部曲面

1. 点击工具栏中"Platte/Curves/New curve(CVs)"（图 6-51），在顶视图中画一条曲线（图 6-52）。

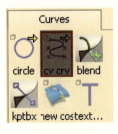

图 6-51

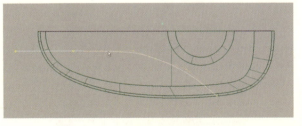

图 6-52

75

2. 点击工具栏中"Platte/Curves/New curve(edit point)"（图6-53），在侧视图中画一条直线，用投影工具"Platte/Surface Edit/Project"（图6-54），将直线投影在侧面上（图6-55）。

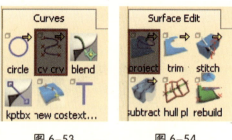

图 6-53　　　　　　图 6-54

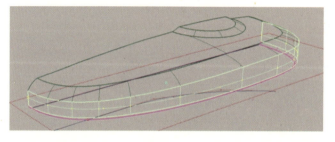

图 6-55

3. 双击工具栏中"Platte/Surfaces/fillet flange"（图6-56），弹出参数设置对话框，在"Radius"一栏下设置参数为"0.3"（图6-57）。然后点击侧面的投影线（图6-58）。

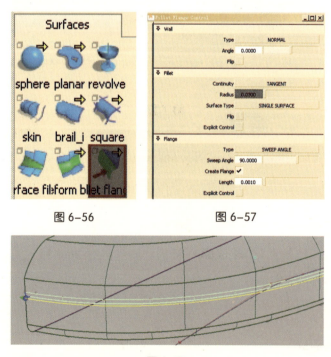

图 6-56　　　　　　图 6-57

图 6-58

4. 再次双击工具栏中"Platte/Surfaces/fillet flange"（图6-59），弹出参数设置对话框，点击"Flip"右边的方框，再次点选侧面的投影线，此时导角方向相反（图6-60）。

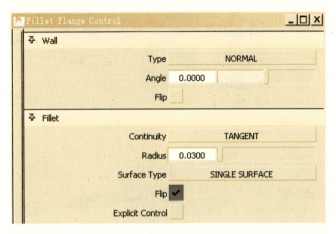

图6-59

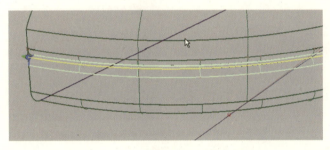

图6-60

5. 点击工具栏中"Platte/Surface Edit/Intersect"（图6-61），选中侧面以及两个导角面，按空格确定，形成相交线（图6-62、图6-63）。

 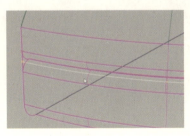 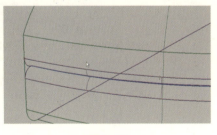

图6-61　　　　　　　　图6-62　　　　　　　　图6-63

6. 点击工具栏中"Platte/Surface Edit/Trim"（图6-64），选择侧面要保留的上、下两个面，点选视窗右下角的"keep"按钮（图6-65）。

7. 双击工具栏中"Platte/Surfaces/Surface fillet"（图6-66），弹出参数设置对话框，在"Radius"一栏下设置参数为"0.05"（图6-67）。点击侧面与上侧面，做出导角面（图

6-68、图6-69)。

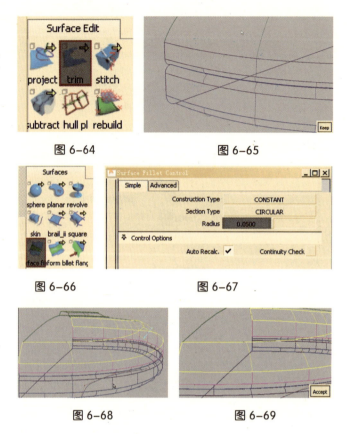

图6-64　　　　　图6-65

图6-66　　　　　图6-67

图6-68　　　　　图6-69

8. 点击工具栏中"Platte/Curves/New curve(CVs)"（图6-70），在顶视图中画一条曲线（图6-71）。

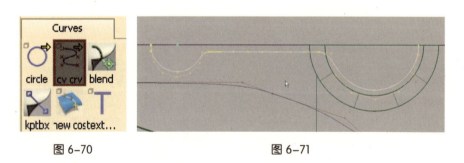

图6-70　　　　　图6-71

9. 使用投影工具，双击工具栏中"Platte/Surface Edit/Project"（图6-72），在顶视图中将曲线投影在上表面上（图6-73）。

10. 双击工具栏中"Platte/Surfaces/fillet flange"（图6-74），弹出参数设置对话框，在"Radius"一栏下设置参数为"0.01"（图6-75）。选择投影线，按照之前的方法在左、右两边都导角（图6-76）。

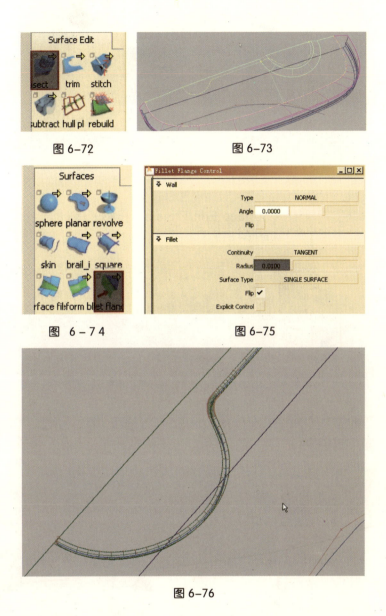

图 6-72　　图 6-73

图 6-74　　图 6-75

图 6-76

11. 按照之前的方法，使用相交工具"Platte/Surface Edit/Intersect"（图 6-77），选中两个导角面和上表面得到两条交线，然后使用剪切工具"Platte/Surface Edit/Trim"（图 6-78），保留左、右两个面（图 6-79、图 6-80）。

图 6-77　　图 6-78

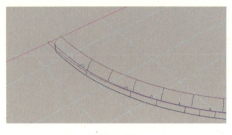

图 6-79　　　　　　　　　　　图 6-80

12. 点击工具栏中"Platte/Surface Edit/Project"投影工具（图 6-81），在顶视图中将底面的曲线投影到上表面上（图 6-82）。

 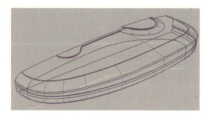

图 6-81　　　　　　　　　　　图 6-82

13. 点击工具栏中"Platte/Surface Edit/Trim"（图 6-83），点击"Divide"将上表面分离成几大块（图 6-84）。

 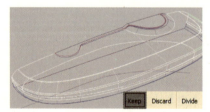

图 6-83　　　　　　　　　　　图 6-84

14. 最终效果如图 6-85 所示。

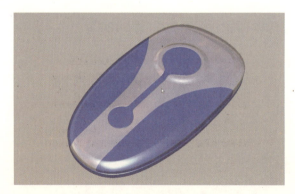

图 6-85

第七章 汽车建模

　　汽车建模，大致可以把汽车分成三部分来做，车身、车篷跟轮眉，可以根据自己的喜好，在车身上加些细节，本章第四节就举了个汽车进气孔建模的例子。

第一节 车身的建模

　　1. 进入软件，点击上方工具栏中"File"，选择"New"，创建工作窗口，按"F6"键进入左视图。选择"Platte/Curves/New curves(CV curves)"（图7-1），运用之前学过的方法在左视图中绘制一个汽车侧面线条（7-2）。

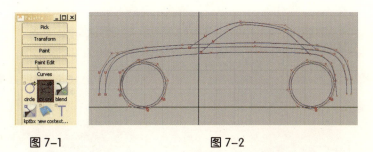

图 7-1　　　　　　图 7-2

　　2. 同样选择"Platte/Curves/New curves(CV curves)"（图7-1），分别进入"Top"视图和"Back"视图，画如图7-3、图7-4及图7-5所示的两条相接的曲线。

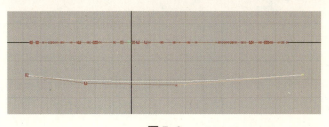

图 7-3

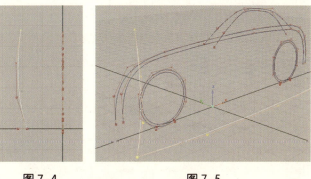

图 7-4　　　　　　图 7-5

3. 双击"Platte/surface/rail surface"（图 7-6），激活其属性窗口，将"Generation Curve"和"Rail Curves"都改为 1（图 7-7），然后依次点击刚才画的那两条相接的曲线，就形成了一个光滑的曲面（图 7-8）。

图 7-6　　　　　　图 7-7

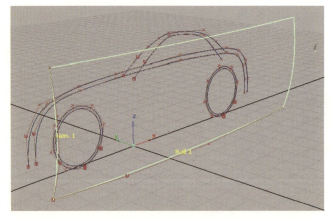

图 7-8

4. 按 F6 进入"Left"视图，双击"Platte/ Surface Edit/Project"（图 7-9），激活其属性窗口（图 7-10）。将"Create"改为"Curves"，点击窗口右下角的"GO"，然后选择刚创建的那个曲面，点击右下角的"GO"（图 7-11），再选择如图所示的曲线，同样点击右下角的"GO"（图 7-12），投影到曲面上得到在曲面上的一条三维曲线，隐藏掉多余的曲线和曲面（图 7-13）。

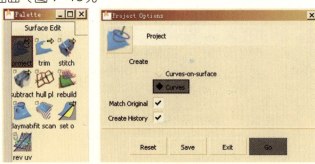

图 7-9　　　　　　　　　　　　　图 7-10

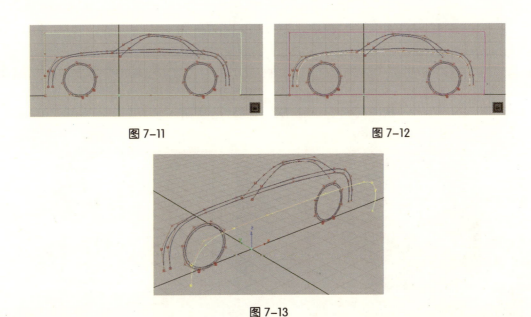

图 7-11 图 7-12

图 7-13

5. 选择"Platte/Curves/New curves",按键盘上的"Ctrl"键,把"CV"点吸附在另一条车身曲线端点上,如图 7-14 所示,按"F5"进入"Top"视图,点击鼠标右键,使第 2 个"CV"点拉出来的辅助线(Hull)与"X"轴垂直。如图 7-15 所示(*目的是确保画出来的曲线和以后镜像的曲线之间形成光滑过渡*),将最后一点吸附在刚才投射出来的曲线上面,如图 7-16 所示。

图 7-14 图 7-15

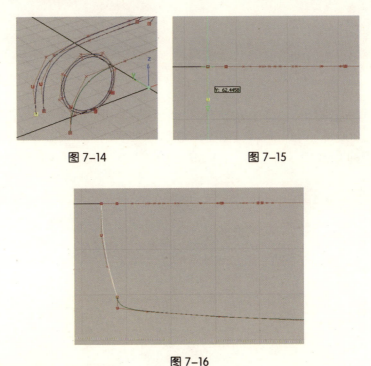

图 7-16

6. 按照同样的方法，依次画出如图 7-17 所示的其余 4 条曲线。双击"Platte/surfaces/Rail surface"，激活其属性窗口，如图 7-18 所示，将"Generation Curves"改为"2+"，将"Rail Curves"改为"2"，把"rail 1"的"Continuity"改为"IMPLIED TAN"，在"rail 2"的"Rebld"位置上打勾。然后连续点击如图 7-19 所示的 5 条曲线，点击右下方的"GO"，再依次点击从离"X"轴最近的那条曲线和投射出来的那条曲线，创建出如图 7-20 所示的曲面。

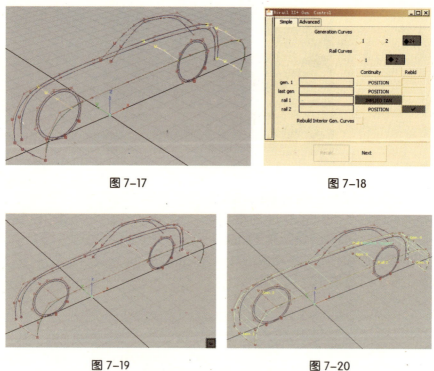

图 7-17　　　　　　　　　图 7-18

图 7-19　　　　　　　　　图 7-20

7. 根据前面讲过的知识，画出如图 7-21 所示的两条相接的曲线，双击双击"Platte/surfaces/Rail surface"，激活其属性窗口，如图 7-22 所示将"Generation Curves"改为"1"，将"Rail Curves"改为"1"，创建出如图 7-23 所示的一个光滑的曲面。

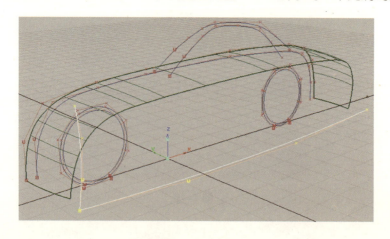

图 7-21

第七章 汽车建模

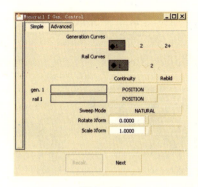 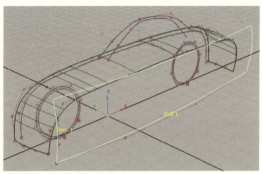

图 7-22　　　　　　　　　图 7-23

进入"Left"视图，选择"Platte/Curves/New curves"，画出如图 7-24 所示的曲线，双击"Platte/ Surface Edit/Project"，激活其属性窗口，如图 7-25 所示将"Create"改为"Curves-on-surface"，点击"GO"，然后点击曲面，点击右下角的"GO"，将曲线投到曲面上，如图 7-26、图 7-27 所示。

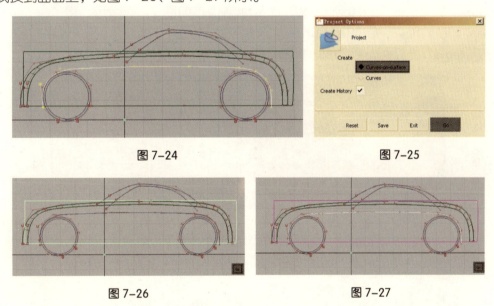

图 7-24　　　　　　　　　图 7-25

图 7-26　　　　　　　　　图 7-27

8. 选择"Palette/Surface Edit/Trim"（图 7-28），点击曲面，激活切割对象，选择保留部分，点击右下角的"Keep"按钮，如图 7-29 所示，隐藏多余的线条（图 7-30）。

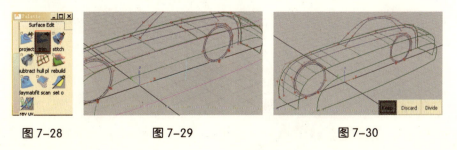

图 7-28　　　　图 7-29　　　　　　　图 7-30

85

9. 选择"Platte/Curves/New curves(CV curves)",同时按住键盘上的"Ctrl"和"Alt"键,将"CV"点吸附在如图7-31所示的曲面的端点,按"F5"进入"Top"视图,将曲线连接于两曲面的端点(图7-32),然后适度调整曲线。

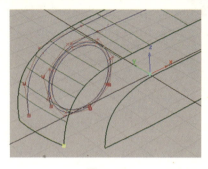 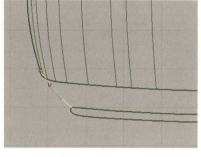

图 7-31　　　　　　　　　　图 7-32

10. 按照类似的方法再画出连接两曲面间的4条曲线,如图7-33所示。然后双击"Platte/surfaces/Rail surface",激活其属性窗口,如图7-18所示,将"Generation Curves"改为"2+",将"Rail Curves"改为"2",如图7-34所示,在"rail 1"和"rail 2"的"rebld"处打钩,把"rail 1"的"Continuity"改为"POSITION"。

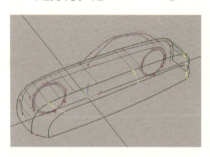 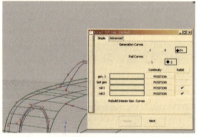

图 7-33　　　　　　　　　　图 7-34

用刚才画的5条曲线跟两曲面的两条边,创建出链接两曲面的过渡曲面,如图7-35所示。

11. 隐藏多余的曲线,车身的一半就完成了,用鼠标左键按住"DefaultLayer",选择其下拉菜单的"symmetry",镜像另一半,可观察整个车身效果(图7-36)。

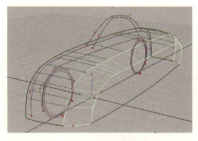 

图 7-35　　　　　　　　　　图 7-36

第二节　车篷的建模

1. 选择"Platte/Curves/New curves(CV curves)",同时按住"Ctrl"和"Alt"键（图7-37），在车身线上吸附一点，进入"Back"视图，画一条如图7-38所示的曲线。

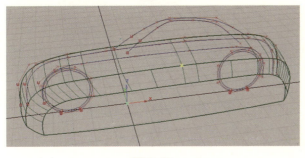
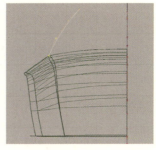

图7-37　　　　　　　　　　　图7-38

双击"Platte/surface/rail surface"，激活其属性窗口（图7-39），将"Generation Curve"和"Rail Curves"都改为"1"，然后依次点击刚画的曲线和与这条曲线相连的车身线，创建一个曲面，如图7-40所示。

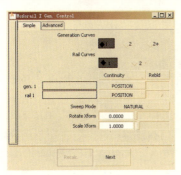
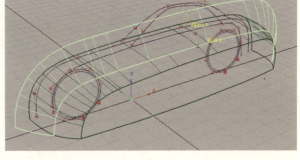

图7-39　　　　　　　　　　　图7-40

2. 进入"Left"视图，双击"Platte/ Surface Edit/Project"，激活其属性窗口，将"Create"改为"Curves-on-surface"，点击"GO"（图7-41），选择曲面，将车篷线投到曲面上（图7-42、图7-43）。

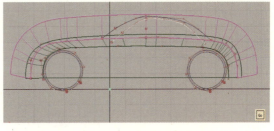

图7-41　　　　　　　　　　　图7-42

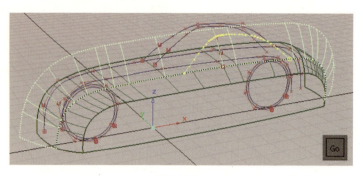

图 7-43

3. 选择"Palette/Surface Edit/Trim",保留车窗部分(图 7-44)。

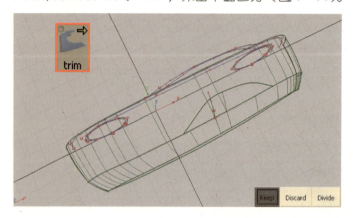

图 7-44

4. 选择"Palette/Curves/New curve(CV curves)",同时按住"Ctrl"和"Alt"键,吸附在汽车"A"柱的端点上,如图 7-45 所示,进入"Top"视图,按住鼠标右键,将最后一点吸附在"X"轴平面上(图 7-46)。用同样的方法,在车篷后方也画一条曲线。在车篷顶端的曲线吸附一点(图 7-47),进入"Back"视图,按住鼠标中键,画出第二个"CV"点(图 7-48),将最后一个"CV"点吸附在车窗曲面上(图 7-49)。

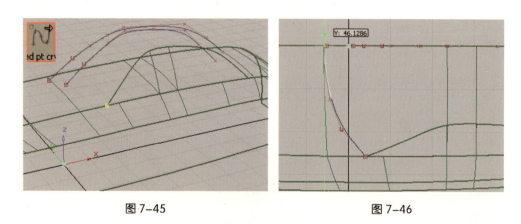

图 7-45　　　　　　　　　　　图 7-46

第七章 汽车建模

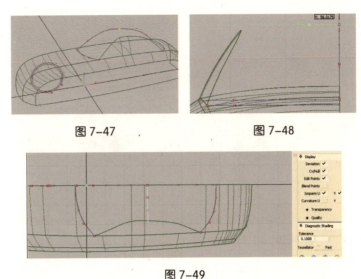

图 7-47　　　　　　　图 7-48

图 7-49

5. 同时按住键盘上的"Ctrl"和"Shift"键，加上鼠标左键，选择"CV"选项（图 7-50），选中车顶棚那条曲线的一端点，如图 7-51 所示，再同时按住"Ctrl"和"Shift"键，加上鼠标中键，选择"move"选项（图 7-52），移动刚选中的"CV"点，同时按住"Ctrl"和"Alt"键，将选中的"CV"点吸附在曲线的端点（图 7-53）。同样将车顶棚的曲线的另一端点也进行同样的处理。

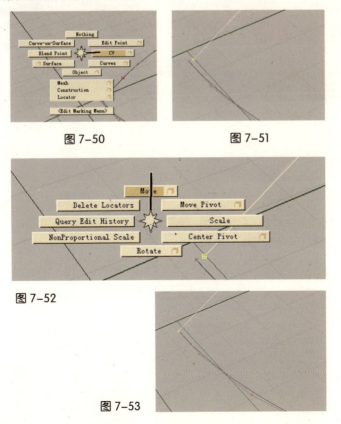

图 7-50　　　　　　　图 7-51

图 7-52

图 7-53

6. 双击"Platte/surfaces/Rail surface",激活其属性窗口,如图7-54所示,将"Generation Curves"改为"2+",将"Rail Curves"改为"2",把"rail 1"的"Continuity"改为"IMPLIED TAN",在"rail 2"的"Rebld"位置上打勾。创建一个如图7-55所示的车顶棚曲面。

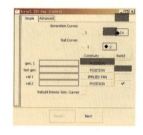
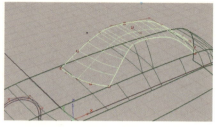

图 7-54　　　　　图 7-55

7. 隐藏所有多余的曲线,选择"Palette/Surfaces/Round",在车顶棚和车窗的交界处做导角(图7-56),数值可自定,如数值为"35"。同样在另外两条车身线的地方做导角。用鼠标左键按住"DefaultLayer",选择其子菜单的"symmetry",镜像另一半,可观察整个车身效果(图7-57)。

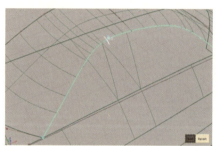
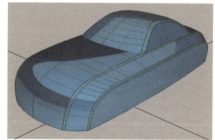

图 7-56　　　　　图 7-57

第三节　轮眉的建模

1. 运用前面学过的知识,两条相连的曲线建立一个曲面的方法,建立如图7-58所示的两个曲面,位置在轮胎外侧。

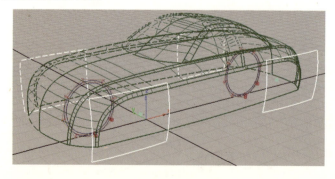

图 7-58

第七章　汽车建模

2. 进入"Left"视图,按住"Shift"和"Ctrl"键及鼠标左键,选择"Curves"(图 7-59),选中如图 7-60 所示的两个圆,按住"Shift"和"Ctrl"键及鼠标中键,选择"Rotate",按住鼠标中键将两个圆的断点(*黄色方框的起始点*)旋转到蓝色方框曲面的下方(图 -61)。

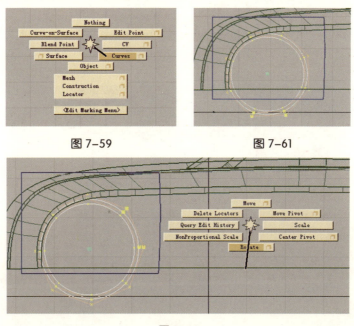

图 7-59　　　　　　　　图 7-61

图 7-60

3. 单击"Palette/Surface Edit/Project",选择如图 7-62 所示中的两曲面,将圆环投到曲面上,选择"Palette/Surface Edit/Trim",保留轮眉外侧部分(图 7-63),复制一个圆环,按住"Shift"和"Ctrl"键及鼠标中键(图 7-64),选择"Scale",将圆环同比例放大(图 7-65)。

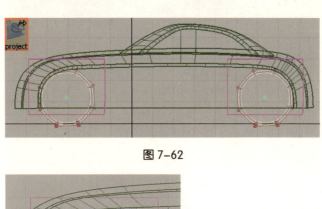

图 7-62

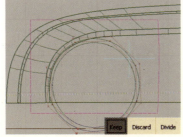

图 7-63

91

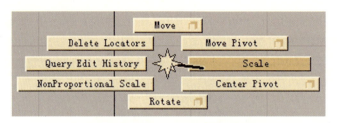

图 7-64

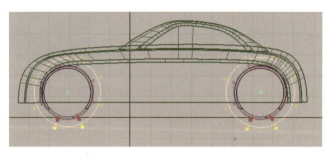

图 7-65

4. 选择"Palette/Curves/New curve",在靠近内部的第二根车身线位置画两条相接的曲线,用于建立曲面(图 7-66 ~ 图 7-68),双击"Platte/surfaces/Rail surface",激活其属性窗口,如图 7-69 所示将"Generation Curves"和"Rail Curves"都改为"1",建立曲面(图 7-70)。

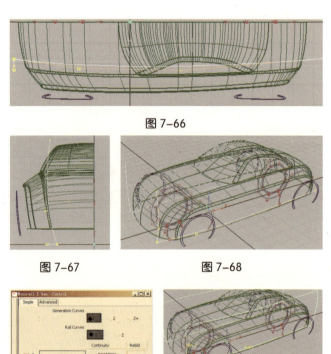

图 7-66

图 7-67　　　　图 7-68

图 7-69　　　　图 7-70

5. 双击"Palette/Surface Edit/Project",激活其属性窗口(图 7-71),将"Create"改为"Curves",点击窗口右下角的"GO",选择曲面(图 7-72),将两个圆环投到曲面上,得到如图 7-73 所示的两条白色弧线,选择"Palette/Curves/New curve(CV curves)",根据上面学过的知识,将轮眉侧面和刚才的两条弧线用曲线连接起来,如图 7-74、图 7-75 所示。

图 7-71

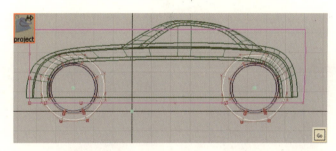

图 7-72

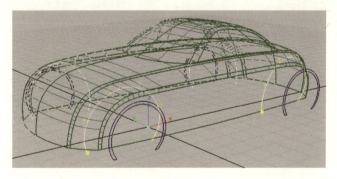

图 7-73

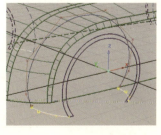 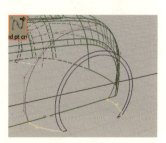

图 7-74　　　　图 7-75

6. 双击"Platte/surfaces/Rail surface",激活其属性窗口,如图7-76所示将"Generation Curves"和"Rail Curves"都改为"2"。在"rail 2"的"Rebld"处打勾,建立两个轮眉曲面(图7-77、图7-78)。

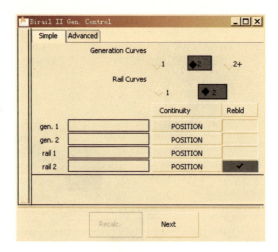

图 7-76

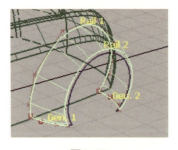   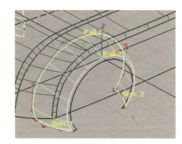

图 7-77   图 7-78

7. 选择"Platte/Object Edit/detach"(图7-79)。然后在轮眉曲面上点一条曲线(图7-80),移动曲线到合适的位置,然后点击右下方的"GO"按钮,将轮眉曲面分割成两部分(图7-81),选择前半部分,将曲面删掉。

   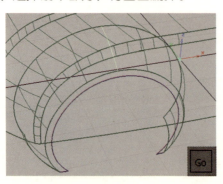   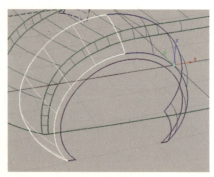

图 7-79   图 7-80   图 7-81

8. 点击"Palette/Surface Edit/Intersect",将剩下的轮眉曲线跟车身侧面的曲面做个相交(图7-82),选择"Palette/Curves/New curve(CV curves)",同时按住"Ctrl"键和"Alt"键,将"CV"点吸附在相交处的端点(图7-83),进入"Back"视图,画一条如图7-84、图7-85所示的曲线。选择"Palette/Surface Edit/Project"中的"Curves-on-surface"属性,将曲线投到车身的侧面曲面上(图7-86、图7-87)。

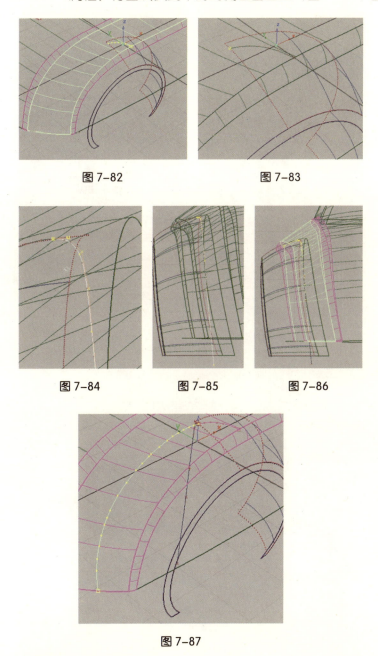

图 7-82　　　　图 7-83

图 7-84　　图 7-85　　图 7-86

图 7-87

9. 选择"Palette/Curves/New curve",同时按住"Ctrl"和"Alt"键,将"CV"

点吸附在投射在车身前脸的曲面的曲线端点（图7-88），画一条连接投射曲线与轮眉侧面的曲线（图7-89），双击"Platte/surfaces/Rail surface"，激活其属性窗口，如图7-90所示将"Generation Curves"和"Rail Curves"都改为"2"，在"rail 2"的"Rebld"处打钩，建立轮眉前半部分的曲面（图7-91）。

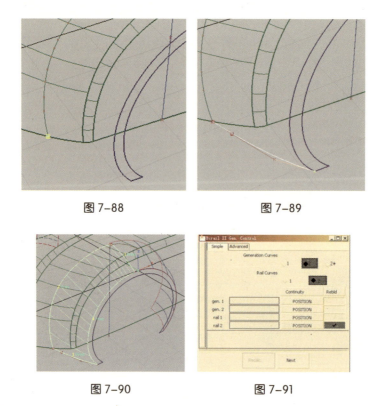

图7-88　　　　　　　　图7-89

图7-90　　　　　　　　图7-91

10. 隐藏掉所有多余的曲线，用鼠标左键按住"DefaultLayer"，选择其子菜单的"symmetry"，镜像另一半，可观察整个车身效果（图7-92）。

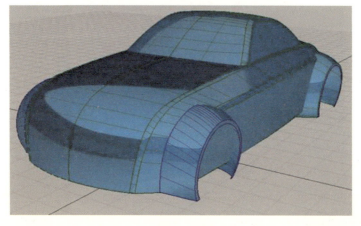

图7-92

第四节 进气孔的建模

1. 进入"Left"视图,选择"Palette/Curves/New curve(CV curves)",在汽车进气孔位置画一个进气孔的形状(图7-93),单击"Palette/Surface Edit/Project",在侧视图中将进气孔的形状投到汽车的侧面,选择"Palette/Surface Edit/Trim",裁剪掉进气孔的位置(图7-94)。选择"Palette/Curves/New curve(CV curves)",画出两条端点吸附在进气孔前端,向内部延伸的曲线(图7-95、图7-96)。

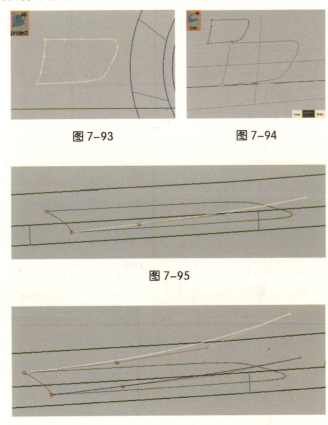

图7-93　　　　　　　　图7-94

图7-95

图7-96

2. 双击"Platte/surfaces/Rail surface",激活其属性窗口,如图7-97所示将"Generation Curves"改为"1",将"Rail Curves"改为"2",建立如图7-98所示的曲面。

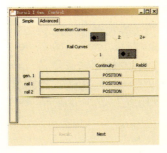

图7-97

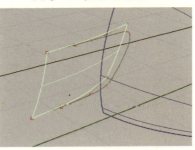

图7-98

3. 选择"Platte/Object Edit/detach",将用于投射的进气孔形状的前端曲线截成如图 7-99 所示的"3"段,进入"Left"视图,单击"Palette/Surface Edit/Project",将被分割成的三段线段投到车身的侧面(图 7-100)。

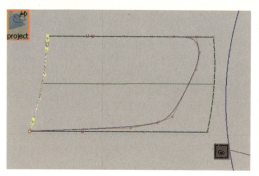

图 7-99   图 7-100

4. 选中进气孔后半部分的弧线,选择"Palette/Transform/Set Pivot",把弧线的基准点移动到靠近弧线的中心点位置。按住"Shift"和"Ctrl"键及鼠标中键,选择"Scale"(图 7-101),缩小弧线,将弧线的两端缩小到跟刚被切割成三段的断点处接近同一水平线的位置,将弧线的两个端点跟曲线的两个断点相接(图 7-102)。

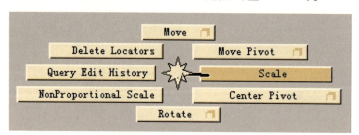

图 7-101

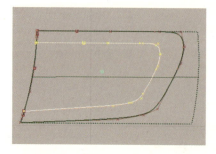

图 7-102

5. 在侧视图中单击"Palette/Surface Edit/Project",将弧线投射到进气孔曲面上(图 7-103),选择"Palette/Surface Edit/Trim",保留进气孔内侧曲面(图 7-104),隐藏所有多余曲线(图 7-105)。

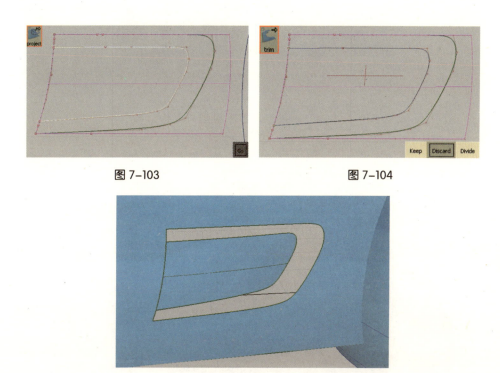

图 7-103　　　　　　　　图 7-104

图 7-105

6. 双击"Platte/surfaces/Rail surface",激活其属性窗口,(图 7-106)将"Generation Curves"和"Rail Curves"都改为"2",把"gen.1"和"gen.2"的"Continuity"都改为"TANGENT",在"Rebld"处都打勾,创建曲面(图 7-107)。完成汽车基本外形的建模(图 7-108)。

图 7-106　　　　　　　　图 7-107

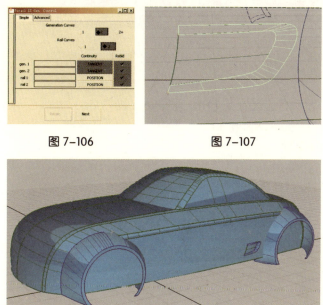

图 7-108

第八章　模型的渲染

第一节　VRay渲染器的简介

一、概述

　　VRay渲染器是著名的3ds max插件公司Chaosgroup开发的产品。它是一款用光子图来进行计算的全局光渲染器，它的计算方式有点类似Lightscape的Radiosity。随着VRay渲染器版本的不断提升和扩大，VRay从最初的"非专业级"渲染器变成为如今最具有竞争力的专业级渲染器。目前有很多制作公司使用VRay来制作建筑、动画、产品等效果图，就是看中了它使用快捷、操作方便、渲染速度快的优点。大家如果有兴趣对这款软件有更深入的了解，可以去Chaosgroup公司的官方网站（www.vrayrender.com）了解最新的信息或是购买相关书籍。

二、设置VRay渲染器

　　首先应该在电脑中正确安装了VRay渲染器，因为3ds max在渲染时使用的是自身默认的渲染器，所以需要手动设置VRay渲染器为当前渲染器。

　　1. 打开3ds max软件。

　　2. 按"F10键"，或是工具栏中单击 按钮，打开"渲染场景：默认扫描线渲染器"对话框（图8-1）。

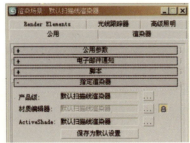

图8-1

第八章　模型的渲染

3. 在"公用"选项卡的"指定渲染器"卷展览中单击"产品级"项后面的按钮，弹出"选择渲染器"对话框，在该对话框中，可以看到已经安装好的V-Ray Adv1.5 RC3渲染器，然后点击"确定"（图8-2，图8-3）。

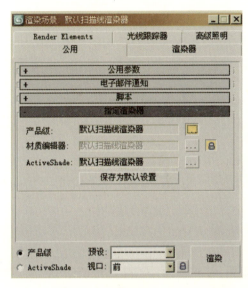

图8-2

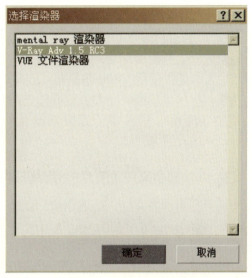

图8-3

4. "产品级"项后面的渲染器名称变成了"V-Ray Adv1.5 RC3"。这说明3ds max目前的工作渲染器为VRay渲染器（图8-4）。（只有设置当前渲染器为VRay，材质编辑器的VRay专用材质才能正常显示。如果想让3ds max默认状态下使用VRay渲染器，可以在渲染场景对话框中设置好VRay渲染器后，单击 保存为默认设置 按钮，存储为默认设置。这样下次打开3ds max后，系统默认的就是VRay渲染器）。

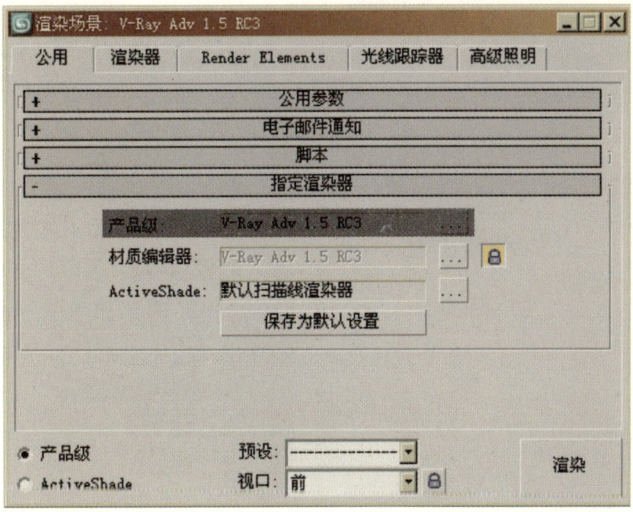

图8-4

第二节 模型转换

一、概述

为了表现出 Alias 模型精致光滑的表面材质和肌理，因而在这本书中我们推荐使用被广大制作公司推崇的 VRay 渲染器。因为 VRay 渲染器能逼真地表现出真实的材质肌理和场景效果，并且具有使用快捷、操作方便、渲染速度快的优点。因此，在本章中我们将教会大家如果使用 VRay 渲染器展现逼真的产品效果。

当然，在学习渲染产品前，我们首先需要将 Alias 模型的文件转换并导入带有 VRay 渲染器的 3ds max 软件中（如果未安装 VRay 渲染器插件，可以去官方网站 www.vrayrender.com 下载）。

二、转换 Alias 模型文件（*文件的存储位置和路径不能出现中文，否则将看不到模型*）

1. 首先打开模型文件，在这里我们以调味瓶的模型作为案例使用。
2. 选中调味瓶的所有面，在"Layers"下新建一个命名为"surface1"的图层，然后将相同材质的面放置在该图层中这样在同一个图层中的曲面在导出后会成为一体（图 8-5 ~ 图 8-7）（如果一件产品要赋多种材质的话，就需要将相同材质分类到一个图层中，新建多个图层，这样导入 3ds max 的文件才会将不同材质的面分离，附上不同的材质）。

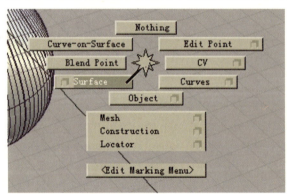

图 8-5

图 8-6

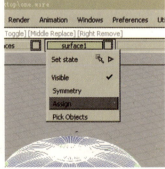

图 8-7

第八章 模型的渲染

3. 选中整个物体,点击"File"下的"Export",然后在右面引伸栏下选中"Active as..."的 图标(图8-8)。

4. 在跳出的"Save Active Options"显示框内点击"File Formats"右边的方框,将鼠标拖至"IGES"格式,然后点击"Save"(图8-9)。

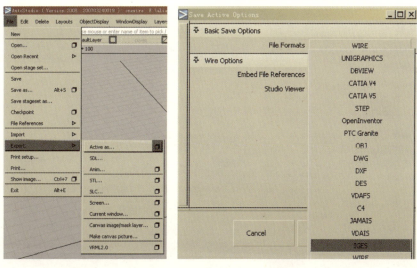

图8-8　　　　　　　　　图8-9

5. 最后将文件保存在没有中文命名(*包括路径*)的文件夹下,对象名称也用英文命名然后点击"保存"(图8-10)。

图8-10

三、导入 3ds max 软件

1. 打开 3ds max 软件。

2. 点击"文件"目录下"导入",然后更改"文件类型"栏为"IGES"格式,找到模型文件后,点击"打开",选择"合并对象与当前场景",然后点"确定"(图 8-11 ~ 图 8-13)。

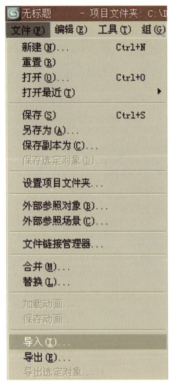

图 8-11

图 8-12

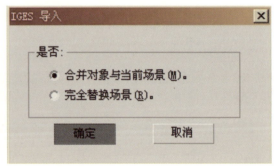

图 8-13

3. 导入后效果如图 8-14 所示。

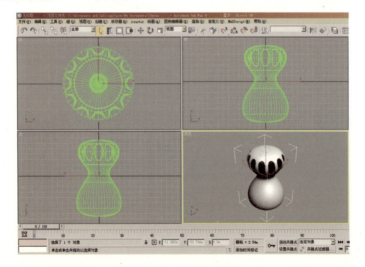

图 8-14

4. 文件导入后，按"M"键（输入法为英文状态下）或是工具栏中单击 ▇ 按钮，显示材质编辑器，在打开 VRay 渲染器的状态下（见 8.1.2），选择一个材质球，点击"standard"选择 VRay 材质，然后将调味瓶赋上 VRay 材质（图 8–15 ~ 图 8–17）。

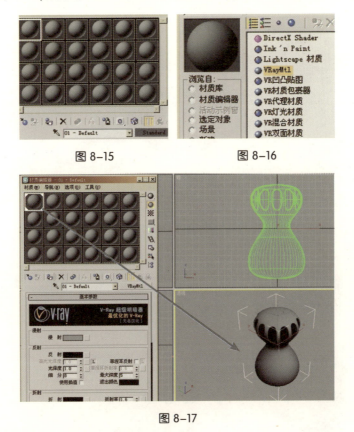

图 8–15　　　　　　图 8–16

图 8–17

第三节　金属材质的HDR贴图渲染

一、场景介绍

本实例是用一个 HDRI 贴图作为照明光源（*HDRI 简单地说就是带有颜色亮度信息的图片格式*），并没有使用任何灯光的场景，我们可以熟悉质感表现后再循序渐进地掌握其他的布光法。本例效果如图 8–18 所示。

图 8–18

二、场景布光分析

本实例使用的是高动态环境贴图("VRayHDRI"),因此整个环境灯光都来自于环境贴图中,不需要再使用 VRay 灯光作为主光源,场景示意图如图 8-19 所示。

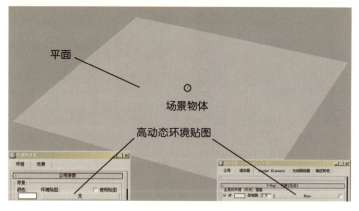

图 8-19

三、设置 VRayHDRI

1. 首先按"M"键,弹出"材质编辑器",选择一个材质球,在"贴图"下"漫反射颜色"点击右边"None",弹出"材质/贴图浏览器",选择"VRayHDRI"(图 8-20、图 8-21)。

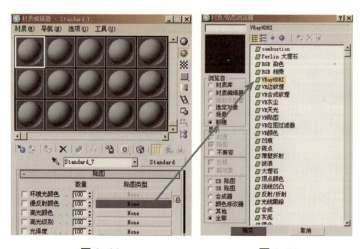

图 8-20   图 8-21

2. 然后将漫反射颜色下的"VRayHDRI"赋予新的材质球,在弹出的新窗口下,点击"实例",这样我们能直观地看到"HDR"的参数设置效果(图 8-22、图 8-23)。

3. 点击参数下的"浏览"选择一个 HDR 文件,调节"贴图类型"、"倍增器"、"水平旋转"、"垂直旋转"的参数(图 8-24、图 8-25)。

4. 点击"F10",弹出"渲染场景"框,在"渲染器"下"环境",打开"全局光环境(天光)覆盖",将"VRayHDRI"材质球拖入右边按钮框,点击"实例"(图 8-26)。

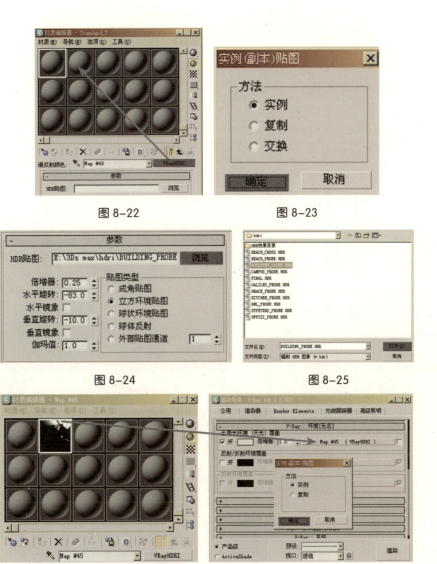

图 8-22　　　　　　　图 8-23

图 8-24　　　　　　　图 8-25

图 8-26

5. 点击按钮"8",弹出"环境与效果"对话框,将"VRayHDRI"材质球拖入环境贴图下,点击"实例"(图 8-27、图 8-28)。

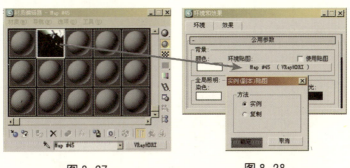

图 8-27　　　　　　　图 8-28

6. 设置场景中的物体材质为默认的白色"VRayMtl"材质,渲染效果如图 8-29 所示。

图 8-29

四、设置地面材质

1. 制作地面材质。选择一个新的材质球,设置地面为灰白色"VRayMtl"材质,给一个模糊反射值(图 8-30)。

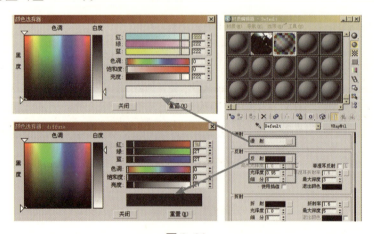

图 8-30

2. 为了使模糊反射比较粗糙,在"凹凸"贴图属性上设置"噪波"贴图,这是非常微弱的噪波值,仅影响反射效果(图 8-31 ~ 图 8-33)。

3. 在"不透明度"贴图上增加一个径向"渐变"的贴图,这样可以使地面产生透明扩散的通遮罩,从而产生无边际的白色地面(图 8-34)。

4. 在"修改"面板中给地面物体添加"UVW Mapping"贴图坐标修改器(图 8-35)。

5. 地面设置后的效果如图 8-36 所示。

第八章　模型的渲染

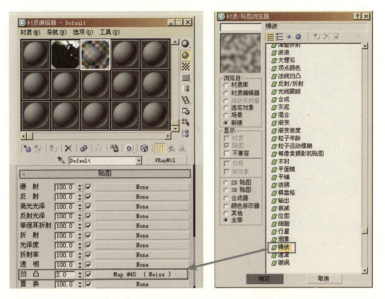

图 8-31　　　　　　　图 8-32

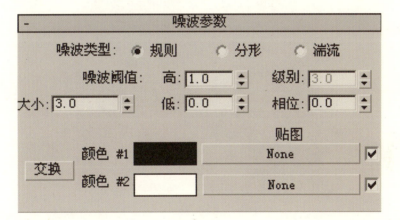

图 8-33

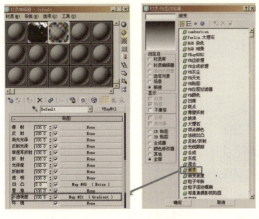

图 8-34

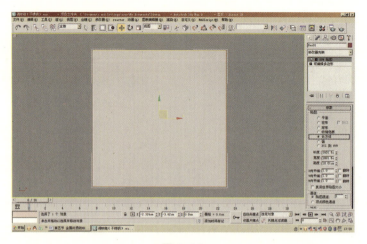

图 8-35

图 8-36

五、设置金属材质

1. 点击键盘"M",弹出"材质编辑器"框,选取一个新的材质球,点击"Standard",选中"VrayMtl"(图 8-37、图 8-38)。

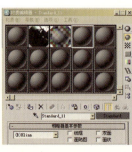

图 8-37

图 8-38

2. 设置材质球基本参数（图 8-39）。

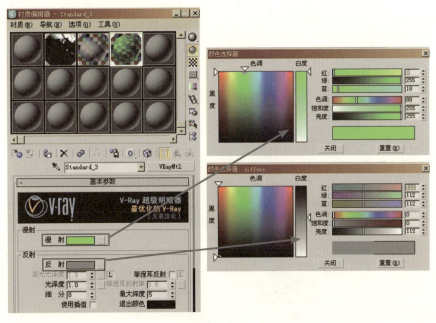

图 8-39

六、设置渲染参数

1. 按"F10"打开"渲染场景"，在"渲染器"选项中进行图 8-40 所示的设置。

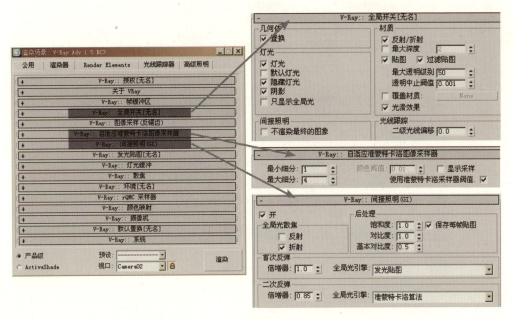

图 8-40

2. 最终渲染效果（图8-41）。

图8-41

七、设置不锈钢材质

接下来，我们可以训练一下这个场景的其他材质的运用，尝试换一种不锈钢材质，以及换一个"HDR"贴图，看看效果。

1. 点击键盘"M"，弹出"材质编辑器"框，选取一个新的材质球，点击"Standard"，选中"VRayMtl"（图8-42、图8-43）。

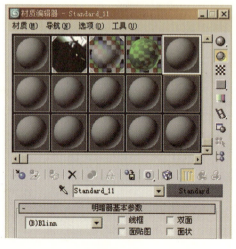

图8-42

图8-43

2. 设置不锈钢材质基本参数（图 8-44）。

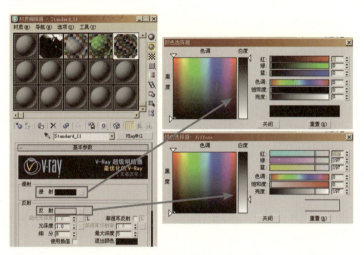

图 8-44

八、设置 HDRI 文件

1. 选中"HDRI"材质球，在"HDR"贴图"浏览"里，选取"KITCHEN_PROBE.HDR"文件，然后修改倍增器、水平旋转、垂直旋转、贴图类型参数（图 8-45）。

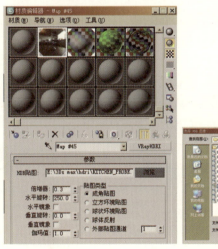

图 8-45

2. 最终渲染效果（图 8-46）。

图 8-46

第四节 玻璃材质的渲染

一、调味瓶

本实例是一个展示静物的场景,要渲染好玻璃材质,关键要控制好光线的强度、物体的反射和折射以及台面的散焦效果。首先,在场景制作时,需要制作一个干净的无边缘纯色场景,使用白色背景和半透明地面作为台面,加上渐变色的透明通道作为遮罩,既照顾了边缘无缝隙又兼得台面上的物体倒影,同时,加上灯光的散焦效果,更加凸显玻璃材质的晶莹剔透。本例效果如图 8-47 所示。

图 8-47

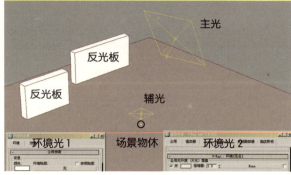
图 8-48

二、场景布光分析

本实例场景首先由一盏侧面的"VRayLight"灯光作为主光源,调味瓶顶部的"VRayLight"灯光作为辅光源,为了形成散焦的效果。然后,白色的环境色作为全局光,两个自发光物体作为反光板辅助照明(*不作为反射物体*)。场景布光示意图如图 8-48 所示。

1. 制作环境布光。首先在场景中建立一个"VRayLight"主光,让它照亮场景物体,灯光方向和位置如图 8-49 所示。

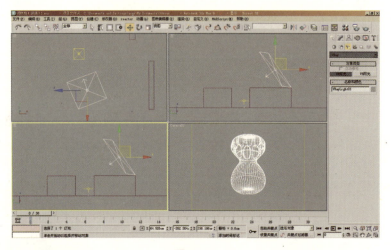
图 8-49

第八章　模型的渲染

2. 在卷展览设置"VRayLight"灯光的参数（图8-50）。
3. 然后在场景中再建一个"VRayLight"灯光作为辅光，放于场景物体上方，形成台面散焦的效果，灯光方向和位置如图8-51所示。

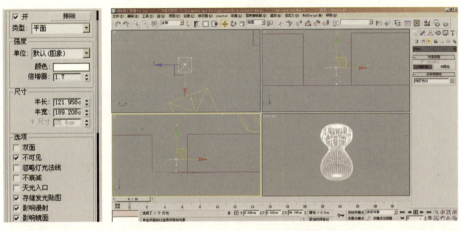

图8-50　　　　　　　　　　　图8-51

4. 在卷展览设置"VRayLight"灯光（辅光）的参数（图8-52）。
5. 用"长方体"工具制作反光板物体，放置在主体静物周围，具体位置如图8-53所示。

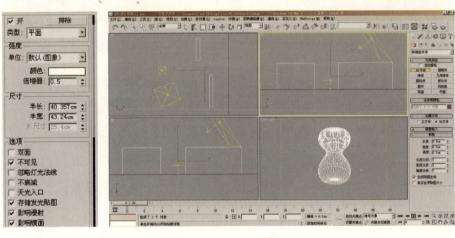

图8-52　　　　　　　　　　　图8-53

6. 在材质编辑器中，设置反光板的材质为白色自发光属性（图8-54）。
7. 点击按钮"8"打开"环境与效果"对话框，设置背景为白色（图8-55）。
8. 按"F10"键打开渲染场景对话框，设置"VRay"为当前渲染器，然后切换到"渲染器"选项卡在"环境"卷展览设置环境色为灰白色（图8-56、图8-57）。
9. 设置场景中的物体材质为默认的白色"VRayMtl"材质，渲染效果如图8-58所示。

115

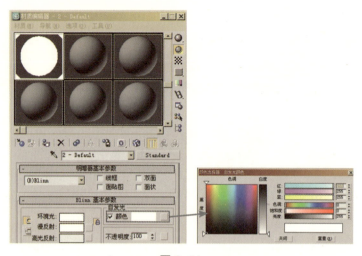

图 8-54

图 8-55   图 8-56

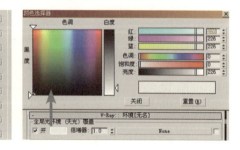

图 8-57

图 8-58

三、无边际的地面材质

我们首先设置一个略微产生模糊反射的无边际的地面，即使抬高摄像机镜头也不会看到地面的边缘。

1. 制作地面材质。选择一个新的材质球，设置地面为白色"VRayMtl"材质，给一个模糊反射值（图 8-59）。

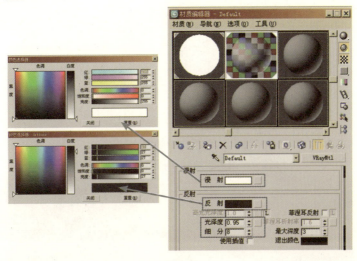

图 8-59

2. 为了使模糊反射比较粗糙，在"凹凸"贴图属性上设置"噪波"贴图，这是非常微弱的噪波值，仅影响反射效果（图 8-60）。

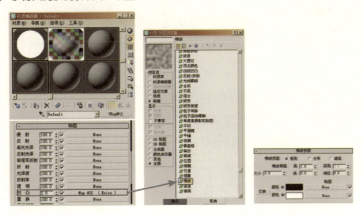

图 8-60

3. 在"不透明度"贴图上增加一个径向"渐变"的贴图，这样可以使地面产生透明扩散的通遮罩，从而产生无边际的白色地面（图 8-61）。

4. 在"修改"面板中给地面物体添加"UVW Mapping"贴图坐标修改器（图 8-62）。

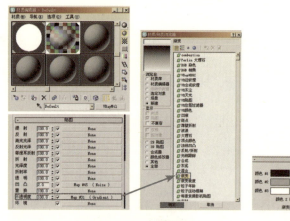

图 8-61

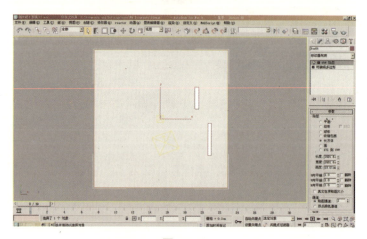

图 8-62

四、玻璃材质

整体环境制作完成后，下面制作场景中的主体静物材质。

1. 为了表现出真实的玻璃材质效果，首先我们选中整个物体，复制出一个内壁，表现出玻璃的厚度，内壁位置和大小如图 8-63、图 8-64 所示。

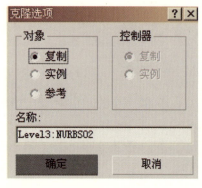

图 8-63

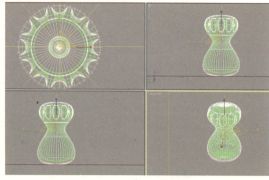

图 8-64

第八章　模型的渲染

2. 然后我们先对调味瓶外表面的材质进行设置（图8-65）。
3. 再对调味瓶内表面的材质进行编辑（图8-66）。
4. 设置好玻璃材质的调味瓶的渲染效果如图8-67所示。

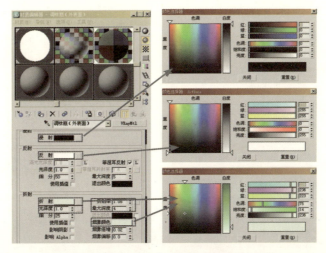

图8-65

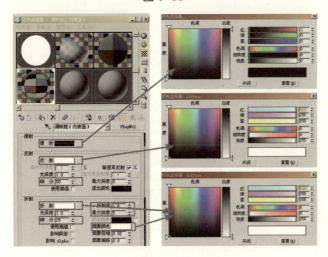

图8-66

图8-67

五、散焦效果

为了营造出更加逼真的视觉效果,尤其对于玻璃材质,在周围环境中会折射光,形成散焦等效果。接下来我们就设置各项渲染系数。

1. 按"F10"打开"渲染场景"在"渲染器"选项中进行如图 8-68 所示的设置。

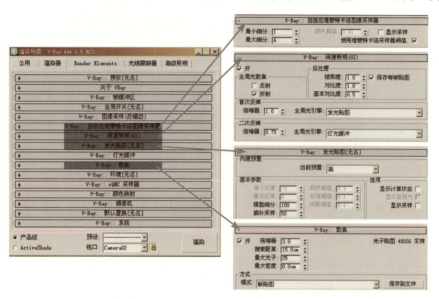

图 8-68

2. 设置好散焦系数后,我们还需要对产生散焦的 VRayLight 灯光进行设置。点击"渲染器"选项中"系统"下的"灯光设置"(图 8-69)。

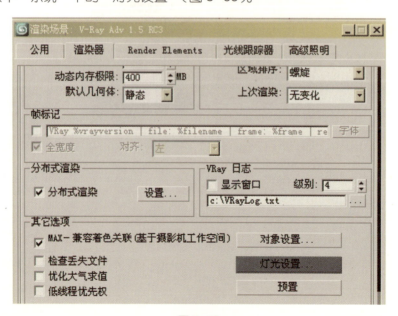

图 8-69

3. 在"VRay 灯光属性"设置栏下，有两盏场景灯光，第一个是主光源，第二个是辅光源，我们需要让物体正上方的灯光产生散焦的效果，所以进行如图 8-70、图 8-71 所示的设置。

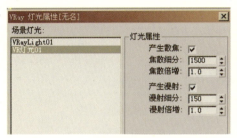 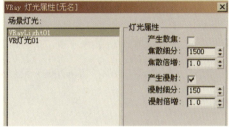

图 8-70　　　　　　　　　　　图 8-71

4. 最终渲染效果如图 8-72 所示。

图 8-72

图书在版编目（CIP）数据

Autodesk Alias工业设计实用手册 / 张卫伟编著．— 北京：中国建筑工业出版社，2009
 ISBN 978-7-112-11222-7

Ⅰ．A… Ⅱ.张… Ⅲ.曲面－工业产品－造型设计－应用软件，Autodesk Alias Studio－技术手册 Ⅳ.TB472-39

中国版本图书馆CIP数据核字（2009）第151468号

编　　著：张卫伟
参编人员：刘　航　　周凯华　　杨黎明

责任编辑：唐　旭
责任设计：郑秋菊
责任校对：王金珠　王雪竹

Autodesk Alias 工业设计实用手册
张卫伟　编著
*
中国建筑工业出版社出版、发行（北京西郊百万庄）
各地新华书店、建筑书店经销
北京图文天地制版印刷有限公司制版
北京建筑工业印刷厂印刷
*
开本：787×1092毫米　1/16　印张：8¼　字数：212千字
2009年10月第一版　2009年10月第一次印刷
定价：48.00元
ISBN 978-7-112-11222-7
　　　（18492）

版权所有　翻印必究
如有印装质量问题，可寄本社退换
（邮政编码 100037）